一本书读懂
儿童行为心理学

向岚湘 彭亿猛◎著

中国纺织出版社

国家一级出版社
全国百佳图书出版单位

内 容 提 要

在孩子的成长过程中，心理健康是非常重要的。由于年龄的限制，孩子内心的需求和想法通常会通过行为表现出来。通过仔细观察你会发现，这些或简单或复杂行为的背后，其实隐藏着很多秘密。本书从孩子的一举一动出发，逐一破解孩子哭声背后的秘密、孩子面部表情隐藏的秘密、孩子肢体语言的秘密、孩子的语言秘密、孩子古怪的行为习惯背后的秘密等。

图书在版编目（CIP）数据

一本书读懂儿童行为心理学 / 向岚湘，彭亿猛著. -- 北京：中国纺织出版社，2018. 6（2019.5重印）
ISBN 978-7-5180-4865-6

Ⅰ. ①一⋯⋯ Ⅱ. ①向⋯ ②彭⋯ Ⅲ. ①儿童心理学 Ⅳ. ① B844.1

中国版本图书馆 CIP 数据核字（2018）第 068259 号

策划编辑：刘　丹　　　　　　　责任印制：储志伟

中国纺织出版社出版发行
地址：北京市朝阳区百子湾东里A407号楼　邮政编码：100124
销售电话：010-67004422　　传真：010-87155801
http://www.c-textilep.com
E-mail: faxing@c-textilep.com
中国纺织出版社天猫旗舰店
官方微博http://weibo.com/2119887771
三河市延风印装有限公司印刷　各地新华书店经销
2018年6月第1版　2019年5月第4次印刷
开本：710×1000　1/16　印张：14
字数：167千字　定价：39.80元

凡购本书，如有缺页、倒页、脱页，由本社图书营销中心调换

从孩子的一举一动中探寻他们的内心世界

随着"哇"的一声,一个新生命诞生了。小生命的到来给予了母亲无限的力量,母亲发誓一定要好好爱这个孩子,照顾这个孩子。可是,生孩子容易,养孩子不易。

养孩子并不像养小猫小狗,只要给它们吃饱喝好就行了。养孩子不仅要让孩子吃得饱,穿得暖,睡得好,还要了解他们的心理状况,注意他们的行为变化,做好他们人生的导师,给予他们最好的"教育"。养孩子的过程也就是我们和孩子"斗智斗勇"的过程,相信每位家长都是从最初的斗志昂扬,到过程中的精疲力竭,直到最后的苦尽甘来。当看到孩子一天天健康地成长,看到他们不仅有强健的身体,还有健全的人格以及健康的心理,你就会为自己的付出感到欣慰。虽然过程是艰辛的,但是只要孩子拥有一个美好的人生,付出再多也是值得的。

在孩子的成长过程中,心理健康是非常重要的。家长们在给孩子提供丰富的物质条件的时候,也需要关注孩子的内心,给予孩子足够的爱,这样才能够让孩子有阳光健康的心理。

由于年龄的限制,孩子内心的需求和想法通常会通过行为表现出来。因此,要想更好地探究孩子的内心世界,就要仔细观察孩子的一举一动,观察孩子每一个细小的动作。通过仔细观察,你就会发现,这些或简单或复杂的动作背后，或许隐藏着大秘密。当这些秘密破解之后，你就能够真正地走进孩子的内心世界，成为他们精神上的支柱。当你真正走进孩子内心的时候，你就会感觉到养孩子虽然很辛苦，但却是一件很快乐的事情。

当你了解了孩子的哭声背后隐藏的秘密，你就不会一听到孩子哭声就手忙脚乱地给他冲奶粉，也不会在孩子哭的时候总是担心他生病，着急带他去医院。你会仔细聆听孩子的哭声，从而判断出他真正的需求。当你每次都判断正确的时候，就会发现，其实孩子的哭声并没有想象中的那么可怕。

当你了解了孩子的面部表情隐藏的秘密之后，你就会发现孩子的每一个微笑，每一次眨眼，每一次皱眉都不那么简单，这些细微的动作背后，其实是孩子在对你有所要求，在表达心中的愉悦或不满，他在告诉你他不舒服，又或者是他害羞了。当你获得了解锁宝宝面部表情的技能之后，你也就掌握了一张宝宝心理活动的"晴雨表"。

当你了解了宝宝的肢体语言之后，你就会发现在孩子的世界当中，并不是"心灵手巧"，恰恰相反的是"手巧心灵"。孩子的举手投足，隐藏着孩子的大智慧。那是他们在不断地探索世界，发现世界，提升自我，不断进步，不断成长。而父母需要做的就是帮助孩子更好地激发想象力和创造力。

当孩子喊出第一声"妈妈"的时候，你就要做好各种准备去走进孩子的语言世界。别看孩子小，可是他们不经意之间的语言却能够让你感到尴尬，让你感到迷茫，让你不知从何说起，让你有种崩溃的沮丧。所以，千万别小

从孩子的一举一动中探寻他们的内心世界

看孩子的语言能力，在孩子的语言当中，或许只有你想不到的，没有你听不到的。

习惯的力量总是可怕的，习惯可以影响孩子的整个人生。所以，家长们一定要从小培养孩子的良好习惯，帮助孩子养成独立自主的性格，而不是让孩子贴上"电视狂""马大哈""邋遢大王"等这些标签。在培养孩子良好习惯的时候，家长们一定要放开手，放下心，让孩子自己去做，让孩子尽情地去"发挥"。

当你了解了在孩子"古怪"的行为背后其实是孩子成长的信号的时候，你就不会过分担心，过分忧虑，相反会感到生命的力量和神奇。在孩子古怪举止的背后，可能是他们感到不安了，感到焦虑了，或者是孩子想要得到表扬，想要表现自己。无论是哪种心理，都表示着孩子在成长，孩子在进步。

当你了解了孩子的各种"破坏"行为其实是他们认知世界的一种方式的时候，你就会发现孩子总是有那么多的奇思妙想。当他们在墙上胡乱涂鸦，将家里搞得乌烟瘴气、乱七八糟的时候，其实是他们创造力萌芽并且不断进步的时候，你就会减少心中怒火，并且会自愿地加入他们的"破坏"队伍，在和他们一起"破坏"的过程中，你会体验到不一样的乐趣，还会发现思考带来的奇迹。

孩子的世界是丰富多彩的，在充满欢声笑语的同时，也总是会伴随着各种小插曲，也正是这些小插曲才构成了孩子奇特的世界。本书从孩子的一举一动出发，带你领略孩子的奇妙世界。

向岚湘

2017 年 12 月

目录 Contents

"哇哇",妈妈要懂宝宝的"心" ———— 001

仔细分辨宝宝的哭声,回应才更有针对性 / 002
周围的环境会让宝宝呈现出不同的哭声 / 007
抑扬顿挫,时间很短的啼哭——宝宝生理性啼哭 / 011
傍晚时的尖叫式啼哭——新生儿肠绞痛 / 014
白天安静入睡,夜晚哭闹不安——小儿夜啼 / 018
睡眠中的突然大哭并伴有身体抽搐——惊吓性啼哭 / 022
宝宝病理性啼哭 / 026
妈妈离开时的号啕大哭——分离焦虑症的表现 / 030
宝宝跌倒后,越哄哭得越厉害——紧张害怕性啼哭 / 035

喜怒无常,这是宝宝的本性 ———— 041

眉头紧皱,咬牙切齿——愤怒的表现 / 042
目不转睛,盯着一个地方——对世界产生好奇 / 044

001

脸憋得通红，皱起眉头——要大便的表现 / 047

无精打采，眼神空洞——身体不适的表现 / 049

噘起嘴巴看似委屈——有所需求的表现 / 053

先自己笑再把脸转向别人——想要分享喜悦的心情 / 055

背着人偷偷笑——宝宝害羞了 / 058

举手投足，展现宝宝的大智慧 —————— 065

吃手指——对外界积极探索的表现 / 066

紧握拳头——紧张害怕的表现 / 069

喜欢抓东西——敏感性的表现 / 073

看见熟人，张开双臂——表示欢迎 / 076

在陌生人怀里向妈妈伸手——宝宝认生了 / 078

喜欢不停地倒东西——锻炼手腕灵活性 / 081

身体挺直——表示反抗 / 083

双手张开，手指向前伸——表示想要和你一起玩游戏 / 086

喜欢拍拍打打——寻找探索世界的方式 / 089

喜欢走高低不同的地方——行走敏感期的表现 / 091

"童言妙语"中蕴含着大世界 —————— 097

"妈妈，我是从哪里来的？"——疑惑的开始 / 098

十万个为什么——对世界进一步的探索 / 102

自言自语——外在语言向内心语言的延伸 / 107

正确看待宝宝的"说谎"行为 / 114

总是说"不"——反抗期的开始 / 119

爱告状——依赖心理的表现 / 123

让好习惯营造一个健康的内心世界 —— 127

让宝宝爱上吃饭 / 128

尿床并不是一件羞耻的事情 / 132

拒绝做一个"电视狂" / 136

拒绝拖延，从娃娃抓起 / 140

培养独立的个性，从收拾自己的物品做起 / 145

不要将"喜欢"和"偷"混为一谈 / 149

举止古怪，那是宝宝成长的信号 —— 155

张口咬人——口腔敏感期的表现 / 156

反复扔东西——求关注的表现 / 160

噗噗吐气泡——宝宝想吃辅食了 / 163

爱咬衣服——不安感正在增加 / 165

对某种物品的依赖——独立的一种表现方式 / 168

交换东西——良好人际交往的开始 / 173

喜欢插话——自我表现的一种方式 / 176

模仿——智力发展的关键一步 / 179

抢东西——占有欲的萌芽 / 182

"搞破坏"是宝宝认知世界的一种方式 —————— 187

胡乱涂鸦——宝宝创造力的萌芽 / 188

"人来疯"——通过表现自己求得表扬 / 191

打架——自我意识的发展阶段 / 195

好动并非是"多动症" / 198

"破坏大王"应该成为一种好的称呼 / 203

有一点不满意就大哭大闹——心理需求希望得到满足 / 207

"哇哇"，妈妈要懂宝宝的"心"

辛苦怀胎十月，当宝宝"呱呱"落地的那一刻，妈妈的心里充满了幸福之感。宝宝来到世上给妈妈的第一个见面礼就是洪亮的哭声，从那以后，哭声就会伴随宝宝的整个成长过程。他们不开心了，生病了，害怕了，都会用哭声来表达。宝宝在以后的日子里会"哭个不停的"，妈妈们一定要做好各种应对准备。

一本书读懂儿童行为心理学

仔细分辨宝宝的哭声，回应才更有针对性

宝妈：最近刚刚做了妈妈，看着刚刚出生的小家伙，心里满是欢喜。但是，欢喜之余更多的是痛苦。孩子不会说话，总是用哭声代替各种需求，由于没有经验，宝宝一哭就会急得满头大汗，不知如何是好。

小提示：宝妈，不用太担心。宝宝的啼哭是很正常的，饿了、渴了、尿了等，他们都是用哭声来表达的。宝妈需要仔细分辨孩子的哭声，做出有针对性的回应。

小李在年初刚刚升级做妈妈，面对新生命，小李的心中充满了感动和幸福。宝宝刚出生的那几天，也许是心疼妈妈，表现得非常好。总是吃完就睡，一睡就是好几个小时。但这样的好日子并没有持续多长时间，第三天的时候，宝宝开始了各种折腾，总是无缘无故地哭闹。

刚开始的时候，小李以为宝宝饿了，就给他喂奶。由于吃奶消耗了体力，宝宝吃完就安静地睡着了，这让小李很是欣慰。可是，没睡多久，宝

"哇哇"，妈妈要懂宝宝的"心"

宝就醒了，又开始哭了起来。小李觉得应该是尿了，就摸摸了他的尿不湿，果不其然，宝宝拉臭臭了，小李赶紧给孩子换上了新的尿不湿。换上新尿不湿的小家伙又沉沉地睡了。于是，每当宝宝哭闹的时候，小李不是给他喂奶就是给他换尿不湿。但是，有时这两样都不是，小李心想：是不是要抱抱啊，之前在网上看过，刚出生的孩子会缺少安全感，需要家长们多抱抱。于是，小李就将宝宝抱在怀里，轻轻摇晃，轻轻拍打，在妈妈的轻拍中，宝宝又沉沉地睡了。于是，每次孩子哭的时候，小李就会抱起来，抱起来的宝宝就不哭了，可放下又哭了起来。久而久之宝宝养成了让抱着睡觉的习惯，离不开妈妈的怀抱了。这让小李十分的痛苦，自己的身体和生活都受到了一定影响，有时候连上厕所都成问题。

相信很多妈妈会碰到这样的问题。认为孩子的哭声无非就是三种情况：饿了、拉了、要抱抱。尤其是第三种情况，很多宝妈受不了孩子的哭声，孩子一哭就心疼，立马就抱起来，长此下去，就放不下了。其实，孩子哭闹不仅仅是这三种情况，孩子不同的哭声代表不同的需求，我们需要根据孩子的哭声去判断孩子的需求。

 专家解读：

宝宝哭闹是一种本能的反应，这是他们本身所具有的一种特殊语言，当他们受到环境刺激的时候或者是想要和父母进行交流的时候，都会用哭声来表达。宝宝通过哭声传达自己的各种需求，表现自己的情绪，希望得到父母的回应和安抚。

宝宝不同的需求会发出不同的哭声，作为父母需要仔细分辨，从而做出正确的回应。如果父母能够很快地对孩子的哭闹做出

正确的回应，不仅有利于孩子的身心健康，同时还会增进父母和孩子的亲近感。

延伸阅读：

身为父母，是非常不容易的一件事情。作为"天使"和"魔鬼"共同的化身，宝宝的哭闹，确实是令父母非常头疼的一件事情。一味地宠溺，会让孩子无形中养成很多坏毛病；不理不睬呢，又会给孩子带来不安全感。因此，这就需要父母拿出足够多的耐心，仔细去倾听宝宝的哭声，多观察，多积累，从而判断出宝宝的不同需求，给出针对性的回应，宝宝的需求得到满足了，自然就会停止哭闹。

下面我们就来分辨一下，宝宝的哭声所代表的不同生理需求。

"我饿了，快给我吃饭吧"

"人是铁，饭是钢"这句话对于任何人都适用，特别是对于不会说话的宝宝。宝宝在刚出生的前三周里，很多时候，健康新生儿的哭声都是由饥饿引起的。因为他们的胃容量很小，每次只能吃一点，所以他们就很容易饿。而且，刚刚出生的宝宝主要以母乳或奶粉这种液体食物为主，这种食物是很容易消化的。不能吃多，又容易消化，就只能"少食多餐"了。宝宝这个时候的哭声就是在告诉妈妈"我饿了"。宝妈应该第一时间给孩

"哇哇"，妈妈要懂宝宝的"心"

子喂奶，宝宝将乳头含在嘴里，立刻会安静下来，迫不及待地吮吸起来。看着他们认真吃奶的样子，这个时候的妈妈应该是最幸福的，心中也会充满无限的自豪。

宝宝这个时候的哭声是非常有节奏的，低音调，并且按照一定的模式进行重复：先短促哭一声，然后有个停顿，再短哭一声，再停顿，就好像说"饿——饿"一样。除了哭，宝宝的小嘴还会不停地吮吸，不停地寻找。以此可以判断宝宝是不是饿了。

当判断宝宝是饿了，父母应该马上抱起宝宝，并且对宝宝说："宝宝是不是饿了啊，妈妈马上给你喂奶，宝宝不要哭了哦。"说完就要开始专心喂奶。在喂奶的过程中也可以和宝宝进行一些语言和眼神上的交流，可以一边喂奶一边对宝宝说："宝宝真棒，宝宝吃得真好。"并且给宝宝投以赞许的目光，轻轻抚摸宝宝的脸颊或是额头。让宝宝在轻松愉快的氛围中吃奶，这样是有利于宝宝消化的。注意不要让宝宝一边哭一边吃奶，这样容易呛着。

如果宝宝吮吸3~5分钟之后，又突然大哭起来，有可能是奶水太冲，呛奶了，或者是奶水太少，吸不出来，又或者是奶水过热或者是过冷，这个时候就要及时进行调整。

父母还要注意的一点就是吃奶的时间间隔。一般情况下，孩子2~3个小时就会产生饥饿感。有的父母为了养成宝宝的饮食规律，经常会让孩子4个小时吃一次奶。但这样就会造成孩子过于饥饿，吃奶的时候过于着急，吸入过多的空气，造成胃胀腹痛。

有的父母则是不遵守任何的规律，认为孩子想吃多少就吃多少，频繁地给孩子喂奶，孩子吃得过多，也会造成胃部不适，引起孩子哭闹。

所以，喂奶的间隔时间要根据孩子的具体情况来安排。对于那些吃奶着急的孩子要适当缩短喂奶的间隔时间，以免孩子因饥饿过于着急吃奶而吸入过多的空气引起腹痛。

"我渴了"

当宝宝的哭声中带有不耐烦的情绪，并且做出了与饿相似的动作，还不停地舔嘴唇时，那么就表示他渴了，家长就需要给他喂一些水。

水是人体的重要组成部分，也是人体所需的重要元素。虽然宝宝的体内含有大量的水分，但是宝宝出汗、大小便都要排出一定的水分。因此补充水分是必不可少的。

有的妈妈会认为，母乳喂养是不需要给宝宝喝水的。的确，母乳中含有大量的水分。但是，由于宝宝处于生长发育时期，体内的新陈代谢十分旺盛，需要的水分也是非常多的。母乳中的水分是无法满足宝宝的身体所需的。所以，妈妈在喂奶的间隙也要给孩子喂水。吃奶粉的孩子最好是在每两次喂奶之间喂一次水。

那么应该给孩子喝什么样的水呢？有的妈妈认为矿泉水干净，而且含有多种矿物质，对于孩子的身体肯定有好处；也有的妈妈认为果汁更有助于孩子的健康。其实，矿泉水是经过净化而来的，水中的矿物质也随着多次的净化而消失了，矿泉水中的矿物质含量是极低甚至是没有的；果汁虽然富含维生素C，但是却含有大量的糖分，过早给孩子喝果汁，是不利于孩子牙齿生长的，而且还有可能导致肥胖。所以，孩子最好的饮品就是白开水。但要注意的是，白开水的放置时间不要超过6个小时，否则容易滋生细菌。

"我要换尿不湿了"

吃喝都解决了，接下来就是拉撒的问题了。当宝宝尿了或者是拉了，他们裹着湿漉漉的尿不湿，屁股会很不舒服。这个时候的哭声并不是很大，节奏也非常缓慢，还伴有不自然的身体扭动。当宝宝出现这样的行为时，要及时进行处理，给他换上新的尿不湿，防止淹了宝宝的屁股。

换尿不湿的时候，父母也要注意：不要责备孩子的哭闹行为，而是要说一些鼓励的话，比如"宝宝真聪明，知道告诉妈妈尿尿了""宝宝不要

"哇哇"，妈妈要懂宝宝的"心"

着急，很快就换好了"等。这样的话语会起到一定的安抚和缓解宝宝烦躁情绪的作用。

"我受伤了"

这种情况下，宝宝会因为身体的疼痛而突然大哭，声音激烈，并带有啜泣声。如果你听到了宝宝突然的尖声哭闹，就要检查他的身体是不是受伤了。如，突然从床上掉下来，磕到坚硬的物体，剪指甲剪到肉了或者是被什么东西勒住了等，这些都会引起孩子疼痛，会让他们大哭。这个时候，一定先要确认他们的身体状况，再进行进一步的处理，如，包扎、精神安抚或是送医救治。

周围的环境会让宝宝呈现出不同的哭声

♪ 宝妈：最近我家宝宝总是无缘无故地就哭起来了，给她喂奶也不吃，看看尿不湿也是干爽的，有的时候抱起来就好了，放下就哭；有的时候抱起来也不管用，看着她哭得那么伤心，我也是手足无措，真的不知道该怎么办才好。

（小提示）：家长们可以看一看周围的环境，有的时候周围环境的变化会影响到宝宝的情绪，比如太热了太冷了，抑或是周围的环境太嘈杂了，这些都会让宝宝感到不舒适；有的时候如果把宝宝单独一个人放在房间里，房间里过于安静，也会让宝宝感到不安，强烈的不安也会让宝宝用哭声来告诉爸爸妈妈。

安静的下午，暖暖的阳光透过窗户照进房间。小宝宝麦穗儿正在安静地睡觉，妈妈在一旁默默地注视着宝宝。脸上洋溢着幸福的微笑。

突然，宝宝毫无征兆地哭了起来，妈妈瞬间就慌了，赶紧将麦穗儿抱了起来。在妈妈怀里的麦穗儿很快安静下来，可没过多会儿，宝宝又不耐烦地哭了起来，就好像有什么烦心事似的。这下让妈妈更加慌乱了，抱着宝宝不停地走来走去，不知如何是好。

这时，麦穗儿的奶奶走了进来，对着慌乱的麦穗妈妈说："麦穗儿是不是饿了啊？"

妈妈着急地说："刚刚才吃过的，这么一会儿就饿了？"

奶奶："可能是你的奶水太稀了吧，我去给她冲点奶粉试试。"说着奶奶就去冲了30毫升的奶粉。

奶奶接过麦穗儿，将奶瓶放进了她的嘴里，可是麦穗儿吃了几口之后就将小脑袋扭到了一边，继续哭了起来。

奶奶抱着麦穗儿在房间里来回走了几圈，也许是哭累了，也许是困了，在奶奶怀抱里的麦穗儿睡着了。奶奶轻轻地将麦穗儿放下，想要给麦穗儿盖上被子，可是刚刚把被子放到麦穗儿的身上，麦穗儿又大哭了起来。

奶奶只好又将麦穗儿抱了起来，奶奶看着哭泣中的麦穗儿脸色红润，不像是生病啊，奶粉也不吃，也不是饿了，又摸了一下尿不湿，也是干净的啊。这究竟是怎么回事呢？由于哭闹不止，麦穗儿的脸上有了细细的汗珠，这个时候奶奶恍然大悟，是不是热了呢？

奶奶看了看屋里的温度，有24℃，可是麦穗儿却穿着厚厚的小棉衣，奶奶摸了摸麦穗儿的脖子，果然脖子上有很多汗，奶奶确定孩子是热了，于是立马给麦穗儿换了一件比较薄的秋衣，刚刚换完衣服的麦穗儿停止了哭泣，安静地睡着了。

"哇哇",妈妈要懂宝宝的"心"

 专家解读：

　　周围环境对宝宝的影响是很大的，当他们因为环境的影响而感到不舒服时，他们无法用语言表达，只能用哭声表达。就像故事中的麦穗儿一样，是因为太热了，引起了她的哭闹。但是妈妈和奶奶在最开始的时候都没有意识到这个问题，又是抱着，又是喂奶的，本来麦穗儿就热着呢，还抱着她，又给她喂奶，这样做会让宝宝更热，宝宝的心情也会越来越烦躁。而当奶奶发现了麦穗儿是因为热才哭泣的，给麦穗儿换了一件衣服之后，宝宝的问题得到了解决，那么她自然也就停止哭泣了。所以，当宝宝哭泣的时候，除了一些生理需求之外，爸爸妈妈也要观察一下周围的环境，看看是不是周围的环境引起了宝宝的不适导致宝宝哭泣。

 延伸阅读：

　　爸爸妈妈不要忽视周围的环境对宝宝的影响，要仔细地观察周围环境的变化，以免引起宝宝身体和心理上的不适。那么，宝宝在受到周围环境的影响时会出现哪些哭声呢？我们一起来分辨一下。

"我要抱抱"

　　宝宝出生之前，一直生活在妈妈的子宫当中，妈妈的子宫是一个封闭式的空间，住在这里的宝宝被羊水包围。子宫给宝宝提供了足够的安全感。但是，当宝宝出生的时候，身体暴露在无依无靠的空间中，从熟悉的子宫来到陌生的世界，不安也就会随之而来。所以，宝宝为了寻求在子宫中的感觉，就会用哭声来寻求爸爸妈妈的拥抱或者是呵护。

　　这个时候，宝宝的哭声是比较热闹的，也是有间歇的，边哭边睁开眼睛观察。你只要把他抱起来，哭声立马就消失。因为，皮肤之间的接触让孩子有足够的安全感。但是有的父母可能会认为这样会把孩子惯坏。令人

欣慰的是，宝宝在3个月之内父母是不用有这种顾虑的。因为，他们只是想要听到妈妈的声音，听到熟悉的心跳声，闻着妈妈身上的味道。所以，妈妈们一定要多抱抱宝宝，给予他们多一些的安全感。

不过，新手父母需要注意的一点是，父母不要长时间地抱着宝宝。当宝宝不哭了就要试着将他放下，抱的时间太长了，孩子也会不舒服，他们也需要伸展一下腿脚。

"我热（冷）了"

在子宫里的时候，因为有羊水的包围，宝宝的身体总是很温暖。所以，出生以后，宝宝仍然喜欢身上暖暖的感觉。但是，随着季节的变化，温度也会变化，室内过冷或者是过热，都会让宝宝感到不舒服或者是焦虑。这个时候，他们也同样会哭闹。

宝宝冷的时候，哭声不会太响，比较颤，但是有节奏，身体摆动的幅度也不会太大。妈妈最好是摸一下孩子的后背。如果孩子后背发凉，那么就表明孩子冷了，需要给他加衣服了，或者是把他放在暖和的地方。

宝宝热了就会焦躁不安，这个时候的哭声会比较大，而且神情不安，四肢也会不停地摆动。这个时候，妈妈应该摸一摸孩子的脖子。如果脖子上出汗了，就证明孩子热了，就要把孩子放到凉爽的地方，减少衣服，他们就会马上安静下来。

"太吵啦，我受不了"

当宝宝的哭声中带有烦躁的情绪，那么你就需要注意一下周围的环境。光线是不是太强了，电视声是不是太大了或者是你的摇晃幅度太大了，这些都会令宝宝不舒服，他们会用哭声来表达心中的不满。这个时

"哇哇"，妈妈要懂宝宝的"心"

候，就要尽量地让周围的环境安静下来，将灯光调暗，调低电视机的音量。让空间尽量安静温和，这时再把宝宝放到这样的环境中，他们会慢慢安静下来。有的宝宝是比较倾向于有规律的生活的，那么就帮助他们建立一个规律的生活。努力让他们在固定的时间吃奶、睡觉、洗澡，尽可能地不要改变习惯了的规律，这样就会让他们更加安心。

抑扬顿挫，时间很短的啼哭——宝宝生理性啼哭

♪ 宝妈：最近我家宝宝总是哭闹，给他喂奶也不吃，想是不是该换尿不湿了呀，换完尿不湿仍然哭。这到底是怎么回事呢？

(小提示)：妈妈不要担心了。有的时候，他们的哭声只是一种生理上的需要，适当的哭泣是有助于心理健康的。何况有时候我们大人还需要用哭泣来排解心中的压力呢。

小王刚刚做妈妈，初为人母的她当然是非常高兴的。当见到宝宝的那一刻，所有的辛苦也都烟消云散了。将宝宝抱在怀里的时候，看着他可爱的样子，幸福感油然而生。虽然很辛苦，但是只要宝宝好一切都是值得的，然而这样的踌躇满志并没有坚持多长时间。

因为是剖腹产，所以手术后的前两天小王是不能抱宝宝的，只能安静地看着他。看着婴儿车里的宝宝就像天使一样，甜甜地睡着。这个时候的宝宝由爸爸、奶奶、姥姥轮流看护，小王很轻松。

这个时候的宝宝也非常乖，总是安静地睡觉。有时候连着睡好几个小

时，奶奶给他喂奶也不吃。无论医院的环境多乱，都丝毫影响不到他，总是沉沉地睡着。除非特别饿了才会醒来，吃完奶后便又沉沉地睡去。

这让小王十分欣慰，认为带孩子是件很简单的事情。吃了就睡，饿了就吃，并没有像人们说的那样困难，之前的担心和焦虑仿佛也就随着宝宝甜甜的睡眠烟消云散了。

但这样的日子并没有持续几天，第三个晚上，宝宝一声洪亮的哭声打破了宁静，也让全家人慌了神。大家都以为宝宝饿了，因为当时小王还没有奶，于是爸爸就赶紧冲了30毫升的奶粉，可是吃完之后，宝宝还是继续哭，于是爸爸又冲了30毫升的奶粉喂他，直到宝宝睡着了。

可是，宝宝并没有睡多长时间就又哭了起来。刚刚吃完的，不可能又饿了吧，而且既没有尿，也没有拉。这下可把全家人急坏了，赶紧叫来医生，医生经过一番检查，并没有查出什么毛病。这个时候，隔壁床的妈妈对小王说："你给他吃你的奶试一试，也许他是想吃母乳了。"小王为难地说："我还没有奶呢。"那个妈妈接着说："你让他吃一吃，没准吃吃就有了，奶是越吃越多的。"

于是，小王就抱起了宝宝，小家伙刚刚被抱起来就急不可耐地寻找起来。将乳头含在嘴里就迫切地吸了起来。说来也神奇，被宝宝吸了几次，果然奶水越来越多了。而且，宝宝似乎也不愿意离开妈妈的乳房，总是含着不放开。只有等他睡沉了才能将乳头拔出来。每次宝宝哭的时候，只要有母乳的安慰就会减轻很多。

但是，这也让小王十分担心，虽然宝宝食量小，但总是这样频繁地喂奶，会不会给宝宝带来不良的影响，会不会撑着宝宝呢？对于宝宝的这种哭声有没有其他的解决办法呢？

专家解读：

其实，妈妈们是不用担心这个问题的。因为母乳中的大部分成分都是水分，母乳是很容易消化的，是很难撑着宝宝的。因为宝宝刚出生，极度缺乏安全感，这种啼哭多发生在宝宝出生后的第三天。这个时候的妈妈应该多给他一些安全感，如果他想吃母乳，就尽量满足他吧。如果放下就哭，那么就尽量抱着他。这样的安全感会伴随宝宝一生的成长的。而且，宝宝频繁地吮吸，也会让妈妈的泌乳期度过得十分顺利，生理性涨奶也不会太严重。有一个良好的开端，后面的母乳喂养之路也就会越来越顺利。

妈妈们也要注意，不要让这样的行为持续的时间过长。因为长时间地抱着，对妈妈和宝宝都是非常不利的。如果你觉得给予了他充分的安全感，就不要总是抱着了。

宝宝的这种生理性啼哭声音响亮但不刺耳，持续的时间很短，一天能哭好多次，并且富有节奏感。虽然哭得很伤心，但多数时候都是没有眼泪的，能够正常地吃奶、睡觉、玩耍。妈妈们除了用奶头进行安慰之外，还可以采取其他的办法，比如轻轻地抚摸宝宝，或者是对宝宝微笑，又或者是把宝宝的小手放在腹部轻轻揉一揉，这些方法都能够很好地缓解宝宝的哭声。

 延伸阅读：

宝宝刚生下来的时候，很多新手妈妈没有经验，并不懂得宝宝的哭声背后所隐藏的含义。当孩子哭的时候，就会很着急。经常就会用哄、抱、走动或者是哼唱的方式来进行安慰。有时候经常是十八般武艺全都用上，最终还是没有起到多大作用，仍然是无法让宝宝平静下来。

其实，就像专家说的一样，这只是宝宝的一种生理性啼哭。有时候就算他们很高兴，他们也会啼哭。这是在用哭声告诉父母："我很好，身体很健康。"

生理性啼哭其实是宝宝一种特殊的运动方式。婴儿在啼哭的时候，也是伴随着各种动作的。他们会张嘴闭眼，双臂伸屈，双脚乱蹬，这些动作

一本书读懂儿童行为心理学

都是有助于宝宝的健康的，是身心发展的需要。

从生理角度看，哭能够让宝宝胸腔负压增大，肺泡扩张，使呼吸肌能够得到充分的锻炼。这样，可以加大肺部的活动量，吸进更多的新鲜氧气，排出更多的代谢废气，使全身血液循环加快，消化系统的功能也会随之加强。

从心理发育过程看，哭是宝宝语言发育的最初模型，生理性啼哭能够促进精神活动、神经系统发育以及后天性条件反射的逐步形成，能够促进宝宝的智力发育，让宝宝的智力系统尽快完善起来，对日后的语言发展起到启蒙的作用。

可以说，生理性啼哭对宝宝的好处是很多的。当妈妈判定宝宝是生理性的啼哭的时候，不要着急，而是静静地看着他，让他多运动一会儿。但是，也不能让宝宝长时间地哭，在观察一会儿之后，如果宝宝还继续哭，就要采取上述所说的办法进安慰，防止他们越哭越厉害伤了身体。

傍晚时的尖叫式啼哭——新生儿肠绞痛

🎵**宝妈**：我家宝宝出生2个月了，总是在傍晚时毫无症状地哭起来，哭声很响，就好像哪里疼一样，而且怎么哄也哄不好，这是怎么回事呢？看着她痛苦的样子，真的是很难受。

(小提示)这是新生儿肠绞痛，是新生儿中比较常见的现象。

昕昕刚刚满月，长得胖嘟嘟的非常惹人喜爱。昕昕是一个非常爱笑的

"哇哇",妈妈要懂宝宝的"心"

宝宝,笑起来脸上还有两个小酒窝,全家人都喜欢得不得了。

但是,最近昕昕变得很爱哭闹,白天哭闹得并不是很严重,但是到了晚上就开始变得频繁起来。哭闹经常从傍晚开始,持续很长的时间,而且哭声十分强烈。昕昕的妈妈白天要上班,晚上还要照顾她,她的这种哭声弄得妈妈是心力交瘁,但又束手无策。于是,妈妈就只能带昕昕去医院检查。医生告诉妈妈宝宝很健康,频繁的哭闹应该与肠绞痛有关,并没有什么大碍。可妈妈仍然是很担心,宝宝为什么会出现肠绞痛呢?这种症状要持续多长时间呢?那么应该怎么应对宝宝的肠绞痛呢?

 专家解读:

肠绞痛并不是一种病,是新生儿常见的典型症状,至今仍然没有发现具体的发病原因,也没有普遍合适的治疗方法。据统计,85%的健康宝宝都会出现这种症状,通常会在宝宝出生3周后出现,3个月之后逐渐消失。在这期间,宝宝每天都会固定哭闹一段时间,用哭闹来结束一天的生活。这种难以安抚的哭闹大都发生在日落后的固定时间段(傍晚的5~8点之间),因此也被称为"黄昏哭吵",

有的也可能发生在凌晨或者是全天的任何时间。这种哭闹没有任何缘由,而且像钟表一样准时,到时候了就会无缘无故地哭起来。

这时候宝宝的哭泣声调很高,声音会越来越大,听上去更像是尖叫而不是哭泣。哭泣的同时还伴有多种表现:面部潮红,双手紧握,双腿不停蹬踹,腹部紧张或者是隆起,还会放屁。

延伸阅读：

虽然目前还没有学者能够对肠绞痛引起的原因做出肯定的回答，但是关于肠绞痛的理论还是非常多的。原因之一就是有些宝宝的消化系统不成熟或者是比较敏感。刚出生的宝宝消化道里用于分解食物的消化酶或是消化液还很少，还不能很好地消化母乳或者是配方奶粉中的蛋白质，那么就会造成肚子痛、胀气等症状。另外，宝宝在哭闹时会吞下过多的空气，也可能会造成宝宝胀气。还有一种观点认为，宝宝的神经系统正处在发育时期，还不能够很好地处理周围环境中的各种刺激因素。白天的时候，宝宝可以接受环境中的各种视觉图像、声音刺激等，到了晚上，他们就不能够接受这些，会产生紧张的情绪，就会用哭声来宣泄这种情绪。

如何缓解肠绞痛

一般情况下，母乳喂养的宝宝会因为妈妈的饮食而发生肠绞痛。因此，妈妈就要注意自己的饮食。有的时候，妈妈吃了很多辛辣的刺激性食物、小麦食品、干果、草莓、十字花科的蔬菜（如西兰花、菜花等）、大蒜、咖啡因和含酒精的食物，就会引起宝宝身体上的不适。如果你想知道是哪种东西引起了宝宝的不舒服，可以连续几天不吃这种食物。如果你的宝宝好些了，那么你可以尝试每次加吃一种食物，两种食物之间间隔几天。如果你吃了某种东西以后，你的宝宝哭闹得更严重了，那么你就不要再吃这种食物了,要等到宝宝的敏感期过去之后再吃。奶制品是引起宝宝不良反应的主要因素之一,处在哺乳期的妈妈们,应该尽量少食用牛奶、酸奶、奶酪等奶制品。

吃配方奶粉的宝宝,如果肠绞痛症状明显,妈妈们就应该考虑换一个牌子的奶粉。因为奶粉中的蛋白酶也可能是引起宝宝肠绞痛的原因。有的家长可能认为"洋奶粉"比较好,会给宝宝食用进口奶粉。但是,有的时候外国奶粉并不适合宝宝,妈妈要选择适合宝宝体质的奶粉。

另外,无论是纯母乳还是奶粉喂养,宝宝吃完之后,都要给宝宝拍嗝。这样有助于宝宝将体内多余的空气排出,减少胀气的症状。拍嗝的时候将宝宝竖着抱起来,让头趴在自己的肩膀上,手掌呈空心状,从上到下轻轻拍宝宝的后背,直至宝宝将嗝打出。要注意的是,一定要让宝宝的头趴好,以免引起宝宝窒息。对于两三个月的宝宝可以让他们趴一会儿,这样也是有助于拍嗝的。

爸爸妈妈在面对宝宝肠绞痛的时候,无需自责,也不要过于紧张,做个深呼吸,尝试着让自己放松下来。如果你们过于紧张的话,也会将这种情绪传达给宝宝,他们也就不能够很好地安静下来。

除了以上说的方法,爸爸妈妈还可以采用以下几种方法,在宝宝发生肠绞痛的时候,也要从外界环境中给予他们多一点安慰。

1. 放点轻松的音乐

在宝宝哭闹的时候,放点轻松的音乐,既可以让宝宝的注意力从疼痛当中转移出来,缓解他们烦躁的心情,父母也可以从舒缓的音乐中得到放松。

2. 按揉宝宝的肚子

当宝宝哭泣的时候,轻轻揉揉宝宝的小肚子,或者轻轻抚摸宝宝的后背,身体上的接触,可以让宝宝得到一丝安慰,会减轻他们的哭声。

3. 轻轻摇摇宝宝

因为宝宝在肚子里的时候,妈妈经常走动,子宫内的羊水会有一定的波

动,宝宝也会跟着轻轻晃动,因此可以将宝宝放在摇篮里或者是抱在怀里轻轻摇摇,这样就会给宝宝传达一定的安全感,也有助于缓解宝宝的哭闹。

4. 温暖宝宝的小肚子

准备一个热水袋,在里面放上温水,将它轻轻放在宝宝的肚子上,可以缓解肠痉挛,减轻疼痛。

宝宝的疼痛总是会牵动着父母的心,在宝宝出现肠绞痛症状的时候,爸爸妈妈还是需要注意以下几点的。

(1)不要随便给宝宝吃药。不要给宝宝服用缓解痉挛的药或镇静剂,宝宝的各项抵抗力还很微弱,药物会给宝宝带来一定的危害。

(2)仔细观察宝宝的各种症状,如果出现发烧、腹泻、皮疹等,就要及时带宝宝去医院,以免错过最佳的治疗时机。

(3)在去医院之前,要细心观察宝宝的腹痛持续时间、疼痛的程度、进食情况以及大便的形态,这些数据能够为医生提供重要的参考,使医生能够做出有针对性的治疗,尽快减轻宝宝的疼痛。

白天安静入睡,夜晚哭闹不安——小儿夜啼

宝妈:最近宝宝不知道是怎么了,白天的时候能够好好地睡觉,可是到了晚上就不好好睡觉,还经常哭闹,都把我熬成熊猫眼了,有没有什么好的解决办法呢?

小提示:宝宝的这些症状是很常见的。我们一般把这种哭闹称之为小儿夜啼。它会给孩子带来很大的影响,妈妈们一定要特别注意这个问题。

"哇哇"，妈妈要懂宝宝的"心"

小杨是一位新手妈妈，她的宝宝刚刚出满月。月子里的宝宝非常乖，总是吃了就睡，饿了就吃，吃完再睡。这让初为人母的小杨十分的欣慰。可是，出了月子之后，各种问题也

小家伙好像不那么爱睡觉了，好好的，可是一到了晚上就开始各种的哭闹，不好好睡觉，怎么哄也哄不好，经常是熬到后半夜才睡。小杨刚刚出月子，身体还没有完全恢复，白天照顾她一天已经很辛苦了，到了晚上还要陪她熬夜，还要使尽浑身解数去哄她，身体上的疲

惫，让小杨叫苦不迭。长时间的熬夜，使得小杨的情绪非常烦躁，面对宝宝的哭闹，经常是怒火中烧，对着宝宝发脾气，可是这也并没有解决什么问题，反而宝宝哭闹得更加厉害了。这种状况令小杨十分担心，宝宝晚上长时间不睡觉，会不会影响宝宝的成长，这样的情况到什么时候能够缓解呢？

 专家解读：

夜啼是婴儿时期常见的一种睡眠障碍。所谓的"夜哭"指的是宝宝在白天的时候很正常，体检时也没有什么异常，可是一到晚上就哭个不停。

如果宝宝经常出现夜啼就会导致睡眠不足，这样不但会影响到宝宝的生长发育，还会对他的注意力、记忆力、创造力和运动技能造成很大的影响。

除此之外，夜间睡眠缺乏还会扰乱宝宝生长激素的正常分泌，使得免

疫系统受损，出现内分泌失调、代谢紊乱、易胖等问题。所以，父母们一定要注意孩子的这个问题，以免影响孩子的健康成长。

 延伸阅读：

一般情况下，宝宝是不会无缘无故地哭闹的。如果他们哭个不停的话，一定是有原因的。因此，在面对宝宝夜啼的时候，父母应该有足够的耐心，去查找宝宝哭泣的原因，一味地指责是不能够起到任何作用的。只有找到了引起哭泣的原因，才能找到解决的办法，那么才能够给宝宝一个健康的睡眠。

通常情况下，引起宝宝夜啼的原因有以下几个。

1. 环境原因

环境对于宝宝的睡眠质量有着很大的影响。宝宝睡觉的房间过于吵闹，或者是过冷过热，抑或是太干燥的话，这些都会影响到宝宝的睡眠。

2. 身体原因

因为宝宝的肠胃功能还未发育完善，很容易出现胃肠积食和积热的情况，引起吐奶、厌食、小便少而且黄等症状。这些身体上的不适也会让宝宝在夜间哭闹。

3. 睡眠时间安排得不合理

有的家长不注意孩子的睡眠时间安排，认为他们想睡就睡。有的宝宝可能早上醒得很晚，那么他们就会将午睡的时间延后，或者是午睡的时间过长，白天睡得过多，晚上自然就不会怎么睡了。有的宝宝晚觉睡得太早，半夜睡醒了，又没有人陪着玩，也会哭闹的。

4. 睡前过于兴奋

有的父母经常会错过宝宝的睡眠信号，经常会在睡前逗宝宝大笑或者是惊吓宝宝，让他们的神经突然兴奋起来，宝宝也无法很快入睡，有时也会大哭不止。

5. 晚上开着灯睡觉

有的父母担心宝宝怕黑,也为了方便晚上照顾宝宝,经常会开着灯睡觉。但是婴幼儿对于环境的适应能力还很差,长时间开着灯,会影响到宝宝的生物钟,影响他们的正常作息时间。而且长时间开着灯睡觉,还会降低宝宝的免疫力,引发多种疾病。

6. 疾病原因

宝宝生病的时候,也会影响到睡眠。例如感冒、咽喉炎、细支气管炎、肺炎、中耳炎、肠胃炎、败血症以及感染导致的发烧等,这些都会给宝宝的良好睡眠造成障碍。这个时候,父母就要及时带孩子就医,寻求医生的帮助。

应对小儿夜啼的办法:

1. 给宝宝创造一个良好的睡眠环境

父母们一定要时刻注意房间的温度,最好是买一个温度计,以便能够时刻掌握房间的温度和湿度,要保持室内的安静。另外,给宝宝盖的东西最好是轻柔干燥的毛毯,毛毯的舒适度是比较高的。

2. 睡前不要让宝宝玩得过于兴奋

在宝宝睡前的一个小时左右时间内,应该尽量让宝宝安静下来。不要再去逗宝宝了,而要轻轻抚摸或轻拍后背,让宝宝安然入睡。

3. 不要把宝宝喂得太饱

中医讲"胃不和则卧不安",如果吃得太多就会引起积食,引起肠胃的不适。因此,在宝宝睡觉前只要让孩子吃饱就好,不要让孩子吃得太饱,如果吃得太饱,也会让宝宝的大脑变得兴奋起来,无法入睡或者是进入深度睡眠时,容易惊醒。

4. 减少宝宝白天的睡眠时间

虽然宝宝需要大量的睡眠时间,但也不要让宝宝在白天睡太长时间的觉。如果白天睡得过多,那夜晚自然就精神了。为了避免孩子做一个"夜猫子",父母应该在白天多给孩子安排一些活动,例如带孩子游泳、出去郊游，和孩子做游戏等。这样可以减少孩子白天的睡眠时间，白天活动的增加会消耗孩子的体力，在夜晚的时候能够很好地入睡，会让宝宝睡得更踏实，减少夜啼的发生。

5. 缓解上火症状

中医认为，小儿是"纯阳之体"，体质是偏热的，火力旺盛就很容易出现上火的现象。所以，妈妈应尽量给宝宝进行母乳喂养。对于那些喝奶粉的宝宝来说，要多给他们喝水，以此来预防或者是缓解宝宝的上火症状。

6. 做抚触按摩

按摩也是缓解小儿夜啼的有效方法之一。身体上的接触可以给宝宝足够的安全感，可以缓解他们紧张的情绪。另外，虽然宝宝一天什么都不干，但是他们的身体也是很疲惫的，给予他们按摩，可以缓解他们身体上的疲惫，身体放松了，心情自然也就好啦。

睡眠中的突然大哭并伴有身体抽搐——惊吓性啼哭

宝妈：我家孩子3个月了，最近出现了睡眠障碍，睡觉的时候，经常会身体抖动，进而大哭起来，哭的时候身体还不停地抽动，就好像哪里不舒服一样。

小提示：孩子是受到惊吓了，婴儿刚刚从妈妈的肚子里出来，本来就缺乏安全感，神经系统还没有发育完善，很容易受到外界环境的刺激，非常容易受到惊吓。

洋洋现在5个月了，吃得好，长得胖胖的，特别爱笑。但是最近出现了一个问题，让洋洋的妈妈十分苦恼，那就是洋洋的睡眠问题。

最近洋洋在睡觉的时候，经常会毫无征兆地大哭起来，小脸憋得通红，小脚小手不停地扭动。每次哭的时候，都要抱起来一段时间才能放下。尽管妈妈每次的动作都很轻，可放下之后，只要妈妈一离开，小家伙就又哭了起来，无奈之下，妈妈就陪着洋洋睡，还要拍着她，将手放在她的小屁股上。只要手一拿开，小家伙还是会哭起来。这让洋洋的妈妈十分苦恼，心想总这样下去也不是个办法啊，频繁地惊醒，肯定会影响孩子的睡眠质量。

除了睡觉经常大哭之外，小家伙的胆子却越来越小，有时候爸爸打一个喷嚏她都会吓哭，有时候大声说话也会吓一个激灵。这让妈妈十分担心，这孩子是怎么了呢？

专家解读：

在日常生活中，小儿受到惊吓是客观存在的。当外界强烈刺激突然发生时，就会让小儿尚未发育完善的中枢神经系统产生暂时性的功能性失调，进而在精神方面导致异常症状的发生。

延伸阅读：

在妈妈的肚子里，环境是单一的，虽然也会受到外界声音的刺激，但是时时刻刻都能感受到母亲的心跳声，再加上被羊水温暖地包围着，让小宝宝能够有充分的安全感。但是离开了妈妈的身体，不能经常听到妈妈的心跳声，周围没有了羊水的保护，只身一人来到世界上，难免会充满着强烈的不安，再加上外界环境因素的刺激，宝宝受到惊吓是难避免的。一般情况下，引起小儿惊吓的原因有以下几种。

1. 突然发生的响声

鞭炮声、暴风雨中的电闪雷鸣这些突然发出的响声，是很容易给孩子造成惊吓的。当发生这种声音的时候，父母应该立刻观察孩子的反应。如果孩子出现了害怕的现象，就应该立刻对其进行安抚，消除内心的恐惧，一边轻轻安抚宝宝，一边对宝宝说："宝宝不要害怕，有妈妈在呢。"如果宝宝没有表现出害怕的情绪，就要对宝宝说："宝宝真勇敢。"

2. 父母的争吵

父母是孩子最亲近的人，如果父母的争吵声非常激烈的话，就会增加孩子内心的不安感。在孩子的眼里，只有爸爸妈妈在一起，才是一个完整的家，父母恩爱并且家里总是充满欢笑，这样的家庭才是幸福的。父母经常争吵，会给孩子幼小的心灵带来很大的伤害，同时也会对他们的情绪造成很大的影响。因此，父母应该尽量避免在孩子面前争吵，给孩子创造一个良好的成长环境，这样才不会给孩子的心理留下阴影，才能够让孩子有一个健全的人格以及良好的性格。

3. 突如其来的责骂

例如，宝宝在做错事情或者是拿什么不应该拿的东西时，父母过激的反应，这些都容易让孩子受到惊吓。孩子的注意力全都在他做的那件事情上，你突然的一声喊叫，经常会把孩子吓得一哆嗦。

宝宝受到惊吓之后，是非常需要妈妈的关心的。这个时候应该是母爱泛滥的时候，请尽情地展现你的母爱吧。

1. 多进行肢体上的接触

多拍拍孩子，经常摸摸他，和孩子多进行一些肢体上的接触，经常和孩子做一些亲昵的动作。这样，孩子就能充分感受到妈妈的爱，心里充满爱的孩子也就会有足够的安全感。

2. 多进行语言上的交流

虽然宝宝听不懂你和他说的话，但这并不意味着你就不用和他说话了。因为妈妈的声音是宝宝最熟悉的声音，在妈妈肚子里的时候，听到

"哇哇"，妈妈要懂宝宝的"心"

最多的声音就是妈妈的声音。当宝宝受到惊吓之后，没有什么比妈妈的声音能够更加让他们感到安心了，妈妈呢喃的细语，会让宝宝感到十分安全。

3. 换个姿势抱宝宝

也许有的妈妈会担心，换个姿势抱宝宝会不会让宝宝觉得不舒服，其实宝妈们是完全没有必要担心的。想想宝宝在肚子里的时候，不也是有各种姿势的，尤其是快要出生的时候，入盆的时候，头朝下，还需要接受引力的作用，那个时候，他们不会觉得难受，反而还觉得是最安全的。所以，在宝宝受到惊吓的时候，换一个姿势，也是让他们找到在子宫当中的感觉，是给予他们安全感比较不错的方法。可以让宝宝脸朝下趴在你的手臂上，用你的手掌托起他的脸；也可以左手轻轻地晃动，右手轻轻抚摸宝宝的背。换一个方向，让宝宝看到新的东西，转移宝宝的注意力，就会忘了刚刚受到的惊吓。

4. 科学合理地给宝宝补钙

最好是通过食物为宝宝补充钙质，毕竟"是药三分毒"，可以多给宝宝吃一些钙含量高的食物，如果宝宝还没有吃辅食，哺乳期的妈妈也要注意自己的饮食，尽量少吃辛辣刺激性的食物，多吃水果、蔬菜、海带等这些含钙高的食物，给予宝宝充分的营养。

5. 多让宝宝听舒缓的音乐

在人们高度紧张的时候，听音乐能够舒缓紧张的情绪。别看孩子小，但是他们的感情也是十分丰富的。当他们受到惊吓之后，精神也是高度的紧张，在他们睡觉的时候同样会保持高度紧张的情绪，他们也就很容易惊醒。在睡前多给宝宝听一些安静舒缓的音乐，让他们的情绪放松，这样可以更好地入睡。在宝宝睡着之后，应该确认宝宝睡熟之后再离开，如果宝宝闭着的眼睛仍在不停地转动，就说明宝宝还没有睡沉，就要再耐心地等一会儿。如果宝宝惊醒了，就要轻轻地握住宝宝的小手，轻轻地拍拍宝宝的后背，如果宝宝哭泣了，就要把他们抱起来，尽量不要让他们号啕大哭。等宝宝睡熟之后，再轻轻放下。

6.给宝宝打襁褓

宝宝睡觉的时候，可以用轻柔的毛毯将宝宝包上，模仿宝宝在子宫中的感觉，可以防止宝宝惊跳反射时把自己吓醒。

附：如何正确地给宝宝打襁褓

（1）将毯子的上角往回折，将婴儿放置在毯子的上方，头部处于折角上面的位置。

（2）提起毯子的一侧，贴着婴儿一侧肩膀，裹住身体压在另一侧下。

（3）叠起婴儿脚下毯子的末端，折向胸前，注意脚下留出一些空余，让婴儿腿脚有活动空间。

（4）提起毯子的另一侧，包住婴儿的身体，将尾端压在婴儿身下。

宝宝病理性啼哭

宝妈：我家有一个刚出生一个月左右的宝宝，因为是第一胎没有什么育儿经验，不能够很好地判断宝宝哭闹的原因是什么，每次哭闹都担心宝宝是不是生病了。

小提示：宝宝的哭声分生理性和病理性两种。宝妈们一定要注意分辨宝宝的病理性啼哭，以免错失宝宝最佳的治疗时间。

小杨是一位新手妈妈，新生命的到来让小杨十分欣慰，看着熟睡的小家伙，小杨心理有提多高兴了，常常不顾身体的不适静静地看着小家伙。

小家伙似乎也很争气，总是安静地睡着。

但这样安静的日子并没有持续多长时间，一切的宁静都被小杨一场突如其来的感冒给打破了。

正在坐月子的小杨不知什么原因突然感冒了，这让小杨如临大敌，对自己进行了全面武装，生怕传染给宝宝。小杨正在担心的时候，有一天宝宝突然毫无征兆地哭了起来，小杨以为是饿了，就赶紧给宝宝喂奶，之前宝宝吃完奶都会安静地睡觉，可是，这次宝宝吃完奶并没有睡觉，仍然哭闹，这可让小杨慌了神，心想是不是自己把感冒传染给宝宝了啊。于是，赶紧拿温度计给宝宝量体温，并没有发烧。小杨的妈妈劝小杨说："没事的，小孩子哭闹是正常的，不用担心了，抱一会儿就好了。"小杨的妈妈接过哭闹的宝宝，将她抱在怀里，轻轻地晃动，没过一会儿，宝宝就睡着了。

睡了一会儿，宝宝又哭了起来，心刚刚放下的小杨瞬间又紧张起来。她害怕宝宝生病了，坚持要带宝宝去医院。因为当时是寒冬，还在月子中的小杨不方便出去，于是小杨的妈妈就带着宝宝去了医院。

留在家里的小杨如坐针毡，焦急地等待着。没过一会儿，妈妈就带着宝宝回来了，小杨急忙接过孩子。小杨的妈妈笑着说："别担心了，孩子没什么问题，就是有点鼻塞，给孩子通通鼻子就好了。"小杨悬着的心终于放下了。

到了晚上九点多钟，小杨给宝宝吃完奶准备让宝宝睡觉，可是在怀里睡得很香的宝宝，放到床上就醒了。小杨以为宝宝没有吃饱，就又抱起来喂奶，宝宝吃了一会儿又在怀里睡着了，小杨就轻轻地将她放下。刚放下，宝宝突然大哭了起来，而且面部还特别红。小杨又急忙把宝宝抱了起来，抱起来的宝宝停止了哭泣，小杨抱了一会儿，宝宝又安静地睡着了。小杨看看孩子的眼球已经不转动了，确定宝宝已睡沉了，就将她放下，而且宝宝也没有哭。小杨则关灯睡觉。

小杨刚刚躺下，宝宝就又哭了起来，而且这次的哭声十分的激烈，小杨只好又将宝宝抱了起来，可是抱起来之后宝宝仍然哭闹不止。这让小杨更加担心了，又给孩子量了一次体温，这次的体温明显偏高。于是，就用各种办法给孩子降温，折腾了将近一个小时，孩子也没有退烧，反而哭得更加厉害了。只好又带着孩子去医院了。小杨十分担心孩子，也跟着去了医院。

到了医院，经过了一番检查之后，被医生确诊为"急性肺炎"，需要住院观察。医生说："孩子太小了，抵抗力比较弱，你们上午带她去医院，现在又是感冒高发期，很可能是交叉感染引起的。"

专家解读：

宝宝因为生病引起的哭闹被称为"病理性啼哭"。当宝宝的身体不舒服或者是感染某种疾病，就会用哭声来提醒自己的父母。很多新手父母因为没有经验，不能够很好地区分宝宝生理性啼哭和病理性啼哭，父母怕耽误孩子的病情，孩子一哭不管三七二十一就带孩子去医院，就像案例中的小杨。有的父母则因为没有注意到孩子的病理性啼哭，从而耽误了孩子的病情，最终导致了更加严重的疾病。这两种做法都会给孩子造成不良的影响。因此，家长们一定要仔细分辨宝宝的啼哭。

延伸阅读：

宝宝们生病时的哭声是怎样的呢？

"我的肚子好疼啊"

宝宝肚子疼，会发出剧烈的哭闹，这种哭闹是一阵一阵的。宝宝哭泣的时候，面色苍白，表情痛苦，还会躁动不安，双腿不停地伸屈。通常情况下，宝宝哭2~3分钟就会恢复正常，能够玩耍或者是安静地入睡。但是，如果间隔一段时间之后，又再次剧烈哭闹起来，出现这种症状的话宝宝有可能是患上了肠套叠，这个时候父母应该赶快带宝宝去医院，以免耽误病情。

"我的头好疼"

宝宝头疼会突然发出尖叫般的哭声，音调很高，一会儿又很快恢复了平静。如果宝宝的头很疼的话，会出现脸色发紫、四肢肌肉抖动等症状，这个时候宝宝可能患有脑出血或者是缺血性疾病，父母应该重视起来。

"我的耳朵不舒服"

如果宝宝的哭声很大，音调很高，哭声总是发生在夜间。哭的时候总是摇头晃脑，或是抓自己的耳朵。这种症状说明宝宝的耳朵很不舒服，有可能是患上了中耳炎，会出现外耳道疖肿或外耳道异物。如果在宝宝的耳朵中有脓性分分泌物流出，父母就要立刻带宝宝去医院，以免病情恶化影响宝宝的听力。

"我突然疝气了"

宝宝出现疝气，会持续性地哭泣，腹部会出现肿块，不爱吃奶。父母应该立刻带宝宝就诊。

"我的嘴巴疼"

如果之前不怎么流口水的宝宝，突然流起了口水或者口水流得越来越多，在喂食的时候宝宝总是哭闹不已。爸爸妈妈就要检查一下宝宝的口腔，看他们是否有溃疡、鹅口疮疱疹、糜烂、齿龈肿胀等现象。

"我喘不上气了"

如果宝宝的哭泣是连续短促的急哭，并且伴有咳嗽、口唇发紫、出气费劲、发烧等症状，那么宝宝很有可能患上了肺炎，家长们应该重视起来。

"我病得很严重"

宝宝发出似哭非哭的声音，哭的时候还伴有轻微的"哼哼"声，没有任何情绪和要求，这说明宝宝病得很严重，必须立刻带宝宝去医院。

"我的屁股好疼"

如果宝宝在拉粑粑的时候哭闹,很有可能是由肛门疾病引起的,例如肛周脓肿、肛裂等。在排尿的时候哭泣,女孩可能是由于尿道炎症引起的,男孩可能是由于包皮过长导致的。

"我的嗓子疼"

宝宝发出像小鸭子叫似的啼哭声,如果同时还伴有颈部强直、恶寒、发热等症状,则应考虑宝宝是否患有咽后壁脓肿,应把这种哭声与一般的声音嘶哑相区别。声音嘶哑是由感冒引起的咽炎、喉炎造成的,而咽后壁脓肿则比较危险,如果脓肿溃破,脓汁可堵塞呼吸道,危及生命。

妈妈离开时的号啕大哭——分离焦虑症的表现

宝妈:"我家宝宝8个月了,每次我把她放下,或者是走到她看不到我的地方,她就开始哭,有的时候甚至是我刚刚抬脚,她就哭起来。她是不是太依赖我了。"

小提示:你的宝宝正在经历分离焦虑期,这是正常、健康的行为,她并没有对你形成依赖。

囯囯7个月了,一直是由奶奶和妈妈带,妈妈上班之后就由奶奶带。有一次,奶奶家里有事就回去了,于是妈妈就想让姥姥来带两天。由于很长时间没有看见姥姥,妈妈非常担心姥姥能否应付得了。姥姥来的时候,囯囯和姥姥玩得非常高兴,妈妈悬着的心也就放下了。

第二天，闫闫和姥姥仍然玩得十分好，妈妈交代了一些事情之后决定去上班，可是刚要走，闫闫马上就哭了起来，举着两个小胳膊要妈妈抱。妈妈见状只好走过去抱起闫闫，轻声对她说："妈妈要去上班，闫闫和姥姥玩一会儿好不好，妈妈很快就回来。"闫闫好像听懂似的，马上就不哭了。妈妈就把闫闫交给了姥姥，到了姥姥的怀里，看着妈妈要走，闫闫又委屈地哭了起来，妈妈一抱过来，就不哭了。妈妈只好趁闫闫不注意的时候，偷偷地溜走上班去了。

刚刚到班上没多久，姥姥就打来电话，说闫闫哭得厉害，让她赶紧回去。接完电话之后，妈妈就急匆匆地回家了。回到家里，闫闫已经哭成了一个泪人，小眼圈红红的，看起来十分的可怜。看到闫闫的样子，妈妈心里也是非常难受。姥姥和妈妈说："我什么办法都用过了，她就是一个劲儿地哭，也不睁开眼睛，扯着嗓子哭，你看嗓子都哭哑了。"无奈之下，妈妈只好请假了。

在妈妈的陪伴下，小家伙和姥姥玩得十分投入，但小家伙好像吸取了教训一样，时不时地回头看看妈妈是否还在。这让妈妈和姥姥十分无奈。

专家解读：

宝宝出现分离焦虑症通常是从6个月左右开始，而且会随着孩子的成长越来越严重，长到12个月是最严重的时候。父母应该尊重宝宝正常的分离焦虑，如果可能的话，尽量不要在这个敏感的阶段与宝宝分离。分离焦虑开始于孩子刚刚接触运动时，在开始经历运动技能时达到高峰。当宝宝具备了足够的运动技能，他们可以自由行动时，他们虽然可以离开父母，去探索新的东西，但是他们心里的不安也是在逐渐增加的，他们是需要爸爸妈妈或者是亲近的人陪在身边的，他们从心理上是不能够接受分离的。虽然他们的身体在行走，但是他们的心仍然是停留在父母身上的。那么分离焦虑也就自然而然地产生了。

延伸阅读：

　　分离焦虑是宝宝在成长过程中的一个正常表现，宝爸宝妈们不要将其与依赖混为一谈。认为宝宝太依赖你，宝宝会永远黏着你，无法独立。相反，我们可以用分离焦虑来评估宝宝是否缺乏安全感以及他们是否能够顺利地养成独立的性格。

　　比如，你的宝宝到了一个完全陌生的环境当中，这里的玩具是陌生的，小朋友是陌生的，这个时候宝宝是肯定会依赖你的，会很难从你的怀里下来。如果这个时候，你告诉他这是一种不正确的行为，强硬地让他融入其中，就会增加他对陌生环境的恐惧感。为了减少宝宝内心的不安，就要向宝宝传递一种"没关系"的信号，让他慢慢地融入其中。当宝宝离开你，对陌生的环境渐渐熟悉，当他时不时地回头看你的时候，以确定继续探索更陌生的环境是"没关系"的。有一个跟宝宝感情深厚的人（通常是父母，或他熟悉、信任的照顾者）在旁边扮演教练的角色，给予宝宝进行深一步探索的勇气，适时地对宝宝说一句"没关系"，会坚定宝宝继续进行探索。等宝宝熟悉了一个层次之后，就会继续探索另外一个层次。这也是宝宝不断走向独立自主的过程。在这个过程中，是需要有人保驾护航的。给予宝宝足够的安全感，他才能够更好地适应陌生的环境，每一个强大的内心都是需要足够的安全感作为基础的。

　　处于分离焦虑期的宝宝，心智并没有发育成熟，在他们的意识当中，你的离开就意味着永远不会回来，他们不会想象出你还在附近的场景或者你很快就会回到他们的身边，你的离开对于他们幼小的心灵无疑是毁灭性的打击。所以，当你离开的时候，你可以用声音和孩子进行呼应，比如你可以和宝宝说："妈妈在给宝宝洗衣服，过一会儿就洗完了，就可以陪宝宝玩了。"如果他的哭声减弱，你就可以继续洗了；如果他的哭声没有减弱，那你最好就要亲自出面进行安慰了。熟悉的声音能够起到一定的安抚作用，同时还能激发宝宝将声音和在他心目中的形象联想在一起，可以在一定程度上减弱分离焦虑的发作。通常情况下，宝宝在两周岁以后，才能够在心中形成并找到他们没有见到的人或者是物体的影像，在脑海中能够形成爸爸妈妈或者是亲近的照顾者的形象，那么他们从熟悉的环境中走向不熟悉的环境过程中就会更顺利一些。

为了更好地进行分离，妈妈就要和宝宝建立亲密的亲子关系。有一项著名的实验，研究两组婴儿（一组称为"安全依附"，一组称为"不安全依附"）在陌生状况下的反应。亲子感情深厚、最有安全感的婴儿，在和母亲分开或去玩耍的时候，出现焦虑的情况就会比较低。他们会不时地看看妈妈，确定自己可以继续玩耍，继续探索，仿佛妈妈赋予了他们进行探索的力量。而那些"不安全依附"的宝宝则不能够将精力很好地放在玩具上，放在探索新的事物上面。因为缺乏安全感，他们会把精力浪费在担心妈妈是不是在那里，会不会扔下他不管。

在和妈妈分开独立行动的时候，有安全依附的宝宝能够在探索的欲望和安全感的需求之间找到平衡点。当新的玩具或者是陌生人打乱这份平衡的时候，或者因为妈妈的离开，降低孩子的安全感时，宝宝会用新的玩具或者是新奇的食物建立起新的平衡。如果亲近的照顾者能够一直给宝宝提供所需要的鼓励，激发宝宝独立、自信和信任的潜力，那么宝宝就会在1岁之前独立玩耍。

分离焦虑是幼儿时期常见的心理问题之一。当宝宝和父母或者是比较亲近的照顾者分离时，就会出现焦虑的情绪表现，如果处理不当，就会给孩子以后的人际交往造成恶劣的影响。因此，爸爸妈妈们要有一个正确的态度和处理方法，能够让宝宝顺利地度过这个时期。爸爸妈妈可以尝试以下做法来缓解宝宝的分离焦虑。

1. 确保你离开之后，宝宝生活在一个安全的环境中

如果想让宝宝独睡，首先要确保宝宝睡觉的环境是一个安全舒适的环境，要消除一切安全隐患。如果妈妈要去上班，将宝宝托给保姆或者是育

儿中心照顾，最好不要让替代照顾者超过 2 人，最好是能够经常陪伴在孩子身边，不要频繁地更换看护人。

2. 要在宝宝情绪稳定的时候离开

如果必须要和宝宝分离，最好是能够给宝宝一点适应的时间，妈妈要先陪孩子一会儿，不要匆匆忙忙地离开，要等到他放松的时候离开。所以，父母在离开之前，要让宝宝做充分的心理准备。这样也可以为宝宝树立一个"做事情之前要先说一声"的好习惯。

3. 要记得和宝宝说"再见"

父母在离开宝宝的时候，一定要记得和宝宝说"再见"。虽然看似很简单的两个字，但是对于宝宝来说却是非常重要的承诺，也是和宝宝建立信任关系的基础。

4. 慎重选择临时照顾者

如果父母或者是比较亲近的照顾者都要离开，那么最好是将宝宝托付给一个比较亲近、熟悉的照顾者，这对于缓解宝宝的情绪是非常有必要的。

5. 告知宝宝回来的时间

父母在离开的时候，最好要将自己的安排告诉宝宝，长此以往，就会让宝宝知道父母是还会回到他们身边的。

6. 要尽可能地信守承诺

爸爸妈妈最好是能够兑现自己的承诺，就算是真的无法兑现，也要向宝宝说明原因，以免加重宝宝的分离焦虑情绪。

7. 玩藏猫猫的游戏

对于那些年龄相对较大、已经能够独立行走的宝宝，父母可以和他们玩藏猫猫的游戏，在游戏当中让他们明白父母的离开只是暂时的，他们是会回来的。

8. 玩闹钟游戏

用闹钟计时，从 1 分钟开始，慢慢增加分离的时间，在游戏当中让宝宝逐渐适应分离的情景。

"哇哇",妈妈要懂宝宝的"心"

宝宝跌倒后,越哄哭得越厉害——紧张害怕性啼哭

宝妈:我家宝宝刚刚学会走路,常常会跌倒,每次跌倒之后总是会哇哇大哭,我们都以为他摔疼了,每次都赶紧把他扶起来,可是扶起来之后,他仍然大哭,有的时候甚至哭得更厉害了,这是怎么回事呢?

小提示:宝宝在学习走路的时候,跌倒是很常见的。如果家长们表现得非常慌张,会加剧孩子的恐惧心理,他们会变得更加紧张,这就是你越哄他就越哭的原因了。

一一现在11个月了,平常主要由奶奶带。由于是隔代的原因,奶奶对一一是疼爱有加,生怕出现一点闪失。一一出现了任何问题,奶奶都会大惊小怪。

有一次,妈妈休息,便和奶奶一起带着一一去楼下的公园玩。来到公园,一一非常高兴。迈着还不太平稳的步伐走来走去,奶奶跟在一一的后面,生怕他摔倒。这时,一位年轻的妈妈带着宝宝也来到了小区里,妈妈把小男孩放下之后,小男孩看到一一非常高兴,就走了过来,一一好像对小哥哥的

到来也满心欢喜，两个小家伙玩得开心极了。小男孩一会儿走到妈妈的身边，一会儿又走到一一的面前，露出了还没有长齐的牙齿，非常可爱。

小男孩因为刚学会走路，难免会摔倒。每次摔倒之后，男孩的妈妈并没有表现出很惊讶的样子，反而是非常的冷静。她只是等到小男孩起不来的时候才过去帮忙扶一下。小男孩每次跌倒之后，也并没有哭，而是自己爬起来，接着走。

相反的是一一，每次摔倒之后，奶奶都表现得非常紧张，赶紧抱起一一，而且每次被抱起的一一总是大哭，越哄哭得就越厉害。奶奶干脆就抱着一一，不让她走路了。

这个时候男孩的妈妈走过来对一一奶奶说："阿姨，小孩子学走路摔倒是正常的，摔倒的时候您不要大惊小怪的，您的大惊小怪反而会吓到孩子，他会认为摔倒是非常可怕的，会增加孩子的恐惧心理。"

她接着又说起一个自己的亲身经历：有一次她去医院，一位年轻的妈妈领着一个小孩坐电梯。电梯升起的时候，由于小男孩没有保持平衡，坐在了地上。刚刚坐在地上的时候，小男孩并没有哭。但是他的妈妈看到了小男孩坐在地上，非常惊恐地大喊了一声"哎呀"，赶紧扶起了小男孩。小男孩被妈妈突然的大叫吓得哭了起来，虽然被妈妈抱了起来，可是仍然哭得非常委屈。站在旁边的老人说："孩子本来没有事，但是你这么一喊，反而吓到孩子了，他才会大哭。"说着就安慰小男孩说："刚才摔疼了吗？摔疼了哭这么长时间也应该好了吧，如果不疼了我们就不哭了好不好，其实摔倒并不可怕，他也没有你想象中的那么疼是不是。"小男孩听到老爷爷这么说，含着眼泪点了点头。

专家解读：

相信很多家长都会遇到这样的情况，由于父母忙于工作，宝宝由老人带。大部分老人对孩子都是非常溺爱的，生怕孩子磕着碰着，尤其是孩子学习走路的时候，只要孩子一摔就赶紧扶，拼命哄。其实，大人的这种慌张反而会加剧孩子的恐惧心理。因此，父母看到孩子摔跤，一定要保持冷静。

在孩子的眼中，学习走路并不是为了直立行走，他们只是觉得走路非常的好玩，是好奇心的驱使，学会了走路就可以去更多的地方，就可以看到更多的东西，就可以挣脱父母的束缚。所以，就算是他们走得还不太好，有的甚至是还没有学会走路，就想抬腿跑了。就算是跌倒，他们也会一如既往地不断探索，不断学习。这说明孩子拥有一颗强大的探索之心，父母一定要正确地对待，否则将会对孩子产生重大的影响。

对于孩子来说，跌倒并不会令他们真的感到害怕，也不会因为疼痛就大哭起来，有的时候他们甚至会觉得跌倒是一件好玩的事情。有心理研究资料表明，孩子跌倒之后并非我们想象的那样疼。孩子的神经系统没有发育完全，他们对于疼痛的感觉并不会像我们成年人那样强烈。孩子越小，对于疼痛的刺激敏感度就越低。他们会在短时间内将摔倒带来的疼痛和恐惧转移到别的事情上去。

但是，有的家长却担心孩子会摔坏，会摔疼，总是会马上扶起孩子，会心疼地进行安慰，甚至是责怪孩子摔倒的地方或者是碰到的地方。当父母流露出惊慌失措的表情的时候，本来没有哭的孩子受到了父母的感染，就会加剧内心的恐惧，他们会认为摔倒是件非常可怕的事；如果父母责怪了孩子摔的地方，孩子就会以为摔倒并不是自己的原因，而是别的原因导致的，就会非常的委屈，就好像有人欺负了他们似的，会哭得越来越厉害。

除此之外，如果孩子跌倒了就上去扶，很容易让孩子形成依赖心理，很可能你扶了两三次，他再摔倒时仍然坐在地上等着你去扶，自己都懒得起来，久而久之就会形成懒惰的习惯，就会事事依赖别人，这样的习惯对于孩子身心的健康发展是非常不利的。

延伸阅读：

父母过于紧张会导致孩子害怕，如果父母对孩子置之不理，也会给孩子的心理带来不被关爱的感觉。那么，当孩子摔倒时，父母应该如何去做呢？

1. 让孩子先哭一会儿

如果孩子摔倒之后要哭的话，尤其是男孩子，有些家长们就会说"你是个男子汉，不能哭"这样的话。爸爸妈妈想要孩子做一个勇敢的人，所以就会这样鼓励孩子。其实，无论是男孩还是女孩，他们只不过是一个小孩子而已，在他们摔倒的时候也会疼，疼的时候本能的会哭。如果爸爸妈妈不让孩子哭的话，他们的情绪得不到宣泄，对于孩子的心理健康是非常不利的。当孩子摔疼了，父母可以对孩子说："宝贝，是不是摔疼了啊，如果摔疼了就哭出来吧，"也可以让孩子趴在自己的怀里哭，轻轻地抚摸孩子的后背，给予孩子足够的安慰，让孩子的心灵得到抚慰，减少内心的恐惧。需要注意的是，在孩子摔倒之后，父母要及时查看孩子的情况，如果孩子伤得过于严重，就要及时去医院，以免耽误孩子的治疗。

2. 鼓励孩子自己站起来

有的家长在孩子摔倒之后，作为孩子的看护人最好不要直接跑过去扶孩子或者是抱孩子，而是应该先观察情况。如果孩子自己摔倒之后马上就站起了，父母要适当地对孩子进行鼓励，可以对孩子说："你真棒，自己站起来了。"受到鼓励的孩子会不再惧怕摔倒，会增强信心，就会更加顺利地学会走路。如果孩子摔倒没有自己起来，而是哭了起来，父母也不要过于慌张，在确认孩子没有受伤的情况下，也要鼓励孩子自己站起来，孩子之后再遇到这样的情况，也就不会因为恐惧而大哭了。孩子在父母的鼓励之下会变得越来越坚强。

平常也可以通过讲故事的方法鼓励孩子，故事和动画片对于孩子是有着强大的吸引力的。通过故事和动画片传达出的道理也能够更加容易被孩子接受。

3. 不要让孩子总是在一个地方摔倒

任何失败都是有原因的，在通往成功的路上是要经历很多失败的。要想走向成功，就要不断总结失败的教训，这样才能够不断积累经验，避免再一次的失败，从而更好地走向成功。当孩子摔倒时，我们在鼓励孩子勇敢站起来的同时，也要让他们学会避免摔倒的方法，帮助他们总结失败的经验，让他们学会保护自己。比如，如果孩子因为绊到某个东西摔倒了，就要告诉孩子要注意脚底下，在走路的时候要认真观察路面情况。这样孩子就会调整自己的姿势和步伐，以便能够越过障碍物，不再摔倒。让孩子从摔倒的地方爬起来很重要，让孩子不要在一个地方再次摔倒同样也很重要。教会孩子了方法，再遇到困难的时候他们就会积极地想办法，而不只是哭泣或束手无策。

喜怒无常，
这是宝宝的本性

人的表情都是丰富多彩的，从人的表情当中能够探寻到人的内心世界。小孩子的脸就好比六月的天，总是变化无常，他们不会隐藏自己的表情，高兴或者是悲伤都会写在脸上。除了哭，宝宝也会用各种各样的表情来表达自己的内心需求。宝宝的表情其实就是心情的"晴雨表"，妈妈们一定要及时注意宝宝的表情变化，以便更好地了解宝宝的内心。

眉头紧皱，咬牙切齿——愤怒的表现

🎵**宝妈**：最近我家宝宝总是时不时地做出咬牙切齿的表情，有的时候眉头紧皱在一起，就好像是抽筋了一样。他为什么会做出这样的表情呢？是生病了，还是精神出现了问题，这是怎么回事呢？

小提示：如果宝宝没有其他症状的话，就是宝宝在表达自己的愤怒情绪，宝宝在告诉妈妈"我不高兴啦"。妈妈应该及时找到宝宝生气的原因，帮宝宝缓解不良情绪。

静静7个月了，有一次妈妈推着带她下楼去玩。碰见了一个邻居，看见胖乎乎的静静非常招人喜爱，就上去捏了一下她的小脸。这个时候静静用她的小手阻挡了一下，邻居笑着说："小家伙还不乐意了啊。"于是又摸了摸静静的小手。这位邻居的动作好像触碰到了静静的底线，静静突然开始露出了发狠的表情，使劲咬着自己的小牙，眉头皱成了一团，小脸也涨得通红。

静静的妈妈赶忙把静静抱起来，一边拍着静静的后背，一边安慰："静静，你怎么了啊，你是不是哪里不舒服啊，你不要吓妈妈好不好。"被妈妈抱起来的静静很快就恢复了平静，趴在妈妈的怀里拱了拱，还冲妈妈笑了笑。看着静静露出了笑脸，妈妈悬着的心放下了。

专家解读：

当宝宝突然出现眉头紧皱、咬牙切齿的表情的时候，妈妈们总是被宝宝的这种行为吓到。有的家长可能会担心宝宝是不是精神出现什么问题了，或者是身体出现了什么疾病。

从心理学角度来看，宝宝出现这种行为，是生气的表现，他们通过这种方式来表达心中的不满。有的妈妈可能会不了解这一行为，经常会急得焦头烂额。其实，只要妈妈静下心来想一想，你就会发现，我们大人在生气的时候也经常会出现咬牙切齿的行为，那么小孩子在生气的时候有这样的表现也就不足为奇，妈妈们不用过分担心宝宝这种行为。

当宝宝出现这种行为的时候，妈妈要找到宝宝生气的原因，及时缓解他们愤怒的情绪，尽量满足他们的各种生理需求和心理需求。有的时候，宝宝的需求可能不太合理，比如非要咬遥控器，这个时候妈妈可以转移宝宝的注意力，给他其他可以咬的玩具，这样他们就不会太生气了。

从生理方面来说，宝宝长牙的时候牙龈痒痒，他们在用这种方式缓解牙龈的痒痛；从病理方面来说，宝宝出现这种行为，可能是由于缺钙引起的。

当宝宝出现这种行为的时候，妈妈要保持冷静，仔细观察宝宝的各种症状，如果没有出现病症的时候，妈妈就可以从心理方面来分析宝宝的这种行为，满足宝宝心理上的需求。如果宝宝出现了其他的症状，就要及时带宝宝去医院，以免耽误宝宝的治疗。

目不转睛，盯着一个地方——对世界产生好奇

🎵 **宝妈**：我抱着我家宝宝的时候，她总是会盯着我看，除了看我，她也会紧紧盯着一个地方看，有的时候会盯好久，有的时候把她抱走，她还会大哭大闹起来，这是怎么回事呢？

小提示：其实这是宝宝对某个东西感到好奇了，如果宝宝出现了这种行为，妈妈不要进行干预，而是要及时给宝宝进行讲解，满足她的好奇心，保护宝宝的注意力。

宁宁2岁了，对大自然充满了好奇，每当走到绿意盎然、鲜花盛开的公园的时候，她总是特别兴奋，跑来跑去的，闻闻这个，看看那个。好像对每一样东西都充满了好奇。

有一次周末，爸爸妈妈带着她去公园郊游。因为是初春，公园里鲜花盛开，百花齐放，走到哪里都能闻到花的香气。除了花，还有绿油油的青草和阵阵鸟鸣声。宁宁很快就被这优美的景色所吸引。她兴奋地跑来跑去。

突然，她在路边停了下来，蹲在那里一动不动，眼睛盯着地面。妈妈和爸爸赶紧过去查看情况，走过去一看路面什么也没有啊。因为下过雨，地面上除了有一摊积水之外，就没有其他的东西了。妈妈说："宁宁不要蹲在那里了，我们去别的地方吧。"可是宁宁就像没听见一样，仍是盯着那里看。

喜怒无常，这是宝宝的本性

妈妈不耐烦地走到宁宁身边，想要拉起她走。这个时候宁宁突然指着地面，妈妈顺着她手指的方向看去，原来地上有一只小青蛙，非常小，如果不仔细看还真的看不出来呢。这个时候，妈妈对宁宁说："那是一只小青蛙，宁宁是因为看到青蛙了才不走的吧。"于是，妈妈就蹲下来和宁宁一起观察小青蛙，妈妈看到青蛙一动不动地趴在那里，于是就跺起了脚，妈妈一跺脚，青蛙就跳了起来，宁宁看到青蛙跳起来，非常兴奋，于是妈妈就一直跺脚，让青蛙不断地跳。妈妈说："看到青蛙是怎么跳的了吗？宁宁也跳一个吧。"宁宁听完之后，蹲了下来，笨拙地学着青蛙跳。妈妈被她的样子逗得哈哈大笑。

专家解读：

相信很多宝宝都会出现这种"发呆"的行为，有的妈妈并不了解宝宝的这种行为代表着什么，经常会逗他们，或者是把他们抱走，有的时候宝宝因为被抱走还大哭起来，经常会让妈妈非常的不解。

其实，当宝宝目不转睛地盯着一个地方的时候，就说明有什么东西吸引他了，他的心里在想："这是什么东西呢？为什么会在这里呢？它是干什么用的？会不会伤害到我呢？"所以，当宝宝出现这种行为的时候，妈妈一定也要仔细观察宝宝看的地方，看看那里是不是有什么东西吸引他了，如果发现了就要对宝宝做出讲解，并且和他一起进行观察。这样不仅可以满足宝宝的好奇心，还会培养宝宝的专注力，让他们体会到仔细观察一件事物的乐趣。

如果宝宝只是瞟一眼某个东西就随即离去，他们想表达"我对你没有兴趣，你不是

045

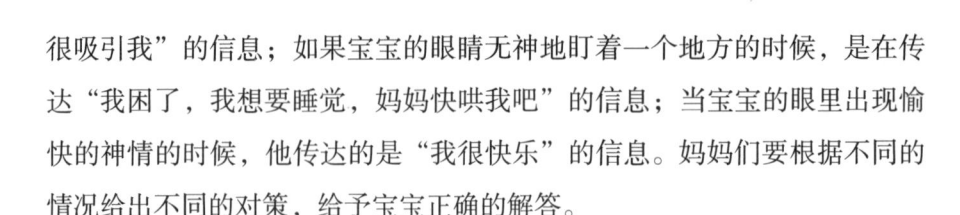

很吸引我"的信息；如果宝宝的眼睛无神地盯着一个地方的时候，是在传达"我困了，我想要睡觉，妈妈快哄我吧"的信息；当宝宝的眼里出现愉快的神情的时候，他传达的是"我很快乐"的信息。妈妈们要根据不同的情况给出不同的对策，给予宝宝正确的解答。

延伸阅读：

通常情况下，因为2岁以下的小宝宝还不太会说话，不能很好地和大人们进行语言上的交流，他们就会使用各种肢体语言与大人们交流，向大人们表达心中的想法，表达他们的需求。

俗话说，眼睛是心灵的窗户，对于婴幼儿来说也同样如此。研究表明，眼睛是婴幼儿最能表达多种意义的器官。德国少儿心理学家海尔默说过："灵魂储藏在孩子的心中，闪动在孩子的眼睛里。"德国著名心理学家梅塞因说："眼睛是了解一个孩子的最好工具。"因此，妈妈们一定要仔细观察孩子眼睛所传递出的信息，仔细观察他们的面部表情，宝宝的喜怒哀乐也是写在脸上的，他们脸上的表情是藏不住任何事情的。妈妈们要学会从宝宝的眼睛中读出宝宝的需求，领会宝宝想要传递的信息。

但是，很多妈妈并不懂得从宝宝的眼中读取信息，不懂得通过眼睛来了解宝宝的内心世界，只是一味地凭借自己的个人经验来养育宝宝，经常是背道而驰。当宝宝在仔细观察一件东西的时候，当妈妈把宝宝强硬抱走的时候，他们的探索欲望得不到满足，他们的问题没有得到解决，他们会很不甘心的，自然而然也就会哭闹。

孩子都是天真无邪的，他们总是会把心中的喜怒哀乐写在脸上，从眼睛里流露出来。妈妈只要仔细观察他们的眼睛，就会很容易读懂宝宝的内心世界的。正确读懂宝宝的心理需求，养孩子就不是那么难了。你会发现孩子的世界非常简单，你陪他们一起观察、一起玩耍，就会发现孩子是非常容易满足的，他们的世界也是非常有乐趣的。

喜怒无常，这是宝宝的本性

脸憋得通红，皱起眉头——要大便的表现

宝妈：我家宝宝总是出现脸憋得通红、皱起眉头的表情，就好像是生气了一样，经常把我搞得不知所措。

小提示：如果宝宝出现了这种行为，妈妈最好是检查一下他的尿不湿，他有可能是拉粑粑了。这是宝宝在告诉妈妈："妈妈，我拉粑粑了，快帮我收拾吧。"

莉莉在刚刚出生的时候，一天要拉好几次粑粑，因为刚刚生下来，再加上是女孩，奶奶就没有给她用尿不湿。可是，一天拉好几次粑粑，偶尔赶上拉肚子，收拾大便确实是件非常让人头疼的事。有的时候没看住，莉莉就将粑粑拉得到处都是。看到将粑粑弄得到处都是还很高兴的小家伙，真的是让人哭笑不得。

有一段时间，奶奶因为家里有事，莉莉由妈妈一个人带。有一天，妈妈和莉莉一起在床上玩，妈妈一会儿让莉莉练习抬头，一会儿让莉莉练习翻身，一会儿又让莉莉滚来滚去，莉莉玩得非常开心。可是，就在玩得高兴的时候，莉莉的脸突然红了，好像很使劲的样子，嘴里发出了"嗯"的一声，妈妈正在纳闷这是怎么了，莉莉就拉出了一条大便。这个时候妈妈才明白过来是怎么回事。妈妈赶紧抱起莉莉，一边给她擦屁股一边说："你这个小家伙，刚刚换的新床单，又白换了。"说着轻轻往往莉莉的屁股上拍了一下，小家伙好像知道并不是在责备她，还发出了"咯咯"的

笑声。

在这以后，妈妈就开始密切关注莉莉的行为。每次只要莉莉握拳使劲时，妈妈就会抱起莉莉把屎。每次小家伙拉粑粑的时候，都会满脸通红，非常用劲。妈妈也经常会被莉莉的这个样子逗得哈哈大笑。

专家解读：

宝宝在长到6个月的时候，就不再是那个只知道吃喝拉撒睡的小家伙了。这个时候的宝宝具有了一定的认知和意识，他们会通过各种各样的信号来告诉妈妈自己想要干什么。比如，有的宝宝可能会突然脸通红，露出青筋，发出"嗯嗯"的声音；而有的宝宝可能会突然变得很安静，一动不动，并且发出"嗯嗯"的声音。这些信号都是宝宝在告诉妈妈他拉粑粑了。这个时候，妈妈要及时做出反应。

如果妈妈掌握了宝宝的这些信号，还可以对宝宝进行如厕训练。比如，给宝宝准备一个小马桶，当宝宝发出信号的时候，妈妈就可把他放在小马桶上。时间久了，宝宝就知道那个小马桶是自己拉屎撒尿的地方了。等到他们再大点的时候就可以自己去马桶里大小便了。妈妈会省不少事，也不再担心宝宝把粑粑拉得到处都是了。

延伸阅读：

需要提醒妈妈们注意的是，妈妈不仅要观察宝宝拉粑粑之前出现的异常行为，还要注意观察宝宝的大便颜色。如果宝宝的便便像香蕉状，软软的、黄黄的，就证明宝宝的身体没有任何问题，妈妈也无须担心。如果宝宝的便便是墨绿色的，并且发出非常难闻的气味，而且还特别稀，宝宝很可能是拉肚子了，有可能是给宝宝吃得太多，或者是妈妈吃了太多辣的、油炸性的食物。这个时候，妈妈就要注意饮食了，要多吃一些清淡的食物。如果宝宝的便便非常干，宝宝拉着非常费劲，妈妈就要给宝宝多喝水，防止宝宝便秘。

无精打采，眼神空洞——身体不适的表现

宝妈：我家宝宝不知道怎么了，非常没精神，之前的大眼睛非常的灵动，总是充满活力，最近就好像换了一个人。这是怎么回事呢，是不是受到惊吓了。

（小提示）：如果宝宝突然之间出现了无精打采、眼神空洞的情况，妈妈应该及时带宝宝去医院检查，宝宝可能身体不舒服了。

兰兰长着一双大眼睛，眼神里充满了生气，平时兰兰总是眨着大眼睛，非常可爱。但是，兰兰的眼睛也会有无神的时候。

有一次，兰兰的妈妈加班到很晚。刚走出电梯，就看见兰兰的奶奶抱着兰兰在门口来回地走动。看见妈妈回来了，奶奶焦急地说："你怎么才回来啊，兰兰因为看不到你，急得哇哇大哭。我把她哄好了，可是没有见到你的身影就又哇哇哭了起来，你看她的嗓子都喊哑了。我只好把她抱到电梯门口等你了。"

这个时候，兰兰可能是因为哭累的原因，躺在奶奶的怀里睡着了。妈妈赶紧接过兰兰和奶奶一起走进了房间。到房间之后，妈妈把兰兰放下，刚刚放下，兰兰就醒了。妈妈看见兰兰醒了就对兰兰说："兰兰醒了啊，妈妈回来了，兰兰想妈妈了吗？"可出乎意料的是，兰兰见到妈妈之后并没有表现出喜悦之情，反而是耷拉着脑袋，眼神里也没有了以往的光彩，就好像蔫了的花朵一样毫无精神。

看到这样的兰兰，妈妈想兰兰是不是生病了，于是就赶紧摸了摸兰兰的额头。兰兰并没有发烧，但是为什么她的状态好像是生病了呢。妈妈就问奶奶说："兰兰白天也这样吗？她是不是生病了啊？"

奶奶说："白天的时候还好好的，是不是刚才哭累了啊？"

在妈妈的怀里，兰兰又睡了过去，妈妈小心地将兰兰放在了床上，看着熟睡的兰兰，充满了怜惜之情。

就在妈妈刚要躺下休息一下的时候，兰兰突然"哇"的一声哭了起来。妈妈赶紧抱起了兰兰，兰兰趴在妈妈的肩膀上哭了好久，把妈妈的衣服都哭湿了。这个时候，妈妈感觉事情不妙，就把兰兰抱到了胸前，仔细地观察兰兰。兰兰睁开了眼睛，看了一眼妈妈，又闭上了眼睛，没过一会儿又迷迷糊糊地睡着了。

大约过了一个小时，兰兰又醒了。这次兰兰不仅大哭，还吐了、拉了。

妈妈和爸爸急忙抱着兰兰来到了医院，经过一番检查之后，兰兰被确诊为小儿肠炎。

第二天早晨，兰兰恢复了精神，妈妈又给兰兰吃了一些药。又过了一天，兰兰完全恢复了精神，大眼睛又变得炯炯有神了。

专家解读：

中医当中讲究的是"望闻问切"，这里的"望"就是观察病人的眼神、面色、舌苔、表情等，以此来为患者诊断疾病。

宝宝的眼神除了向妈妈传递出需求的信号之外，也会向妈妈传递出他们的健康状况。妈妈通过宝宝的眼神，就可以知道宝宝的身体状况以及他们的情绪好坏。当宝宝心情愉悦、身体健康的时候，眼睛通常是明亮有神、活泼灵动的，充满朝气和活力；当宝宝身体出现不适或者是情绪低落的时候，他们的眼神就会空洞呆滞，有的时候还会反应迟钝，这个时候妈妈就要注意了，要及时带宝宝去医院。

延伸阅读：

其实，我们从宝宝眼睛的其他动作或状况也能够观察出宝宝的身体状况，比如：

1. 在阳光下不愿意睁开眼睛

有的时候，当宝宝处在阳光底下的时候，他们通常会闭起眼睛。而到了阴暗的地方，他们就会睁开自己的眼睛。这种情形可能是"红眼病"、"水痘"的征兆，这个时候需要妈妈特别注意。

2. 眼睛发红

当宝宝的白眼球及眼皮发红的时候，并且伴有白色的分泌物，这通常是患上了麻疹和流行性感冒。除此之外，风疹、红眼病和猩红热在发病的过程中也会出现不同程度的红眼症状。

3. 眼睛流泪

有的时候，宝宝的眼睛会突然地流出泪水，时多，时少，而且是静静地流泪。这个时候，宝宝可能是患上了上呼吸道感染性疾病。比如，流行性感冒、麻疹、风疹等。有的时候，鼻炎、鼻窦炎也会引起流泪。妈妈应该特别注意这个现象。

4. 频繁眨眼

宝宝频繁地眨眼睛，有可能是眼睛进了沙子或其他异物。如果进行检查之后并没有发现异物，那么宝宝有可能患上了眼睑结石、角膜炎等。

当宝宝的眼部出现了异常情况之后，这是宝宝在向妈妈传递生病的信号，妈妈要及时带宝宝去医院检查。平时妈妈要帮助宝宝提高抵抗力，让宝宝不生病。

那么妈妈应该如何帮助宝宝提高抵抗力呢？

1. 多带宝宝进行户外活动

冬天有的妈妈经常会让宝宝待在家里，即使是出门也会把宝宝裹得严严实实的，防止他们着凉。虽然将宝宝留在家里会减少生病的机会，但是，这样也会也削弱他们身体的抵抗力，就像是温室中的花朵一样，不能够抵御风雨的侵袭。而经常进行户外活动，可以开发宝宝的智力，提高宝宝的抵抗力。

所以，妈妈不要让自己的宝宝成为温室里的花朵，要让他们多经历一些风雨，他们会变得更加强壮。

2. 少给宝宝吃药打针

有的妈妈宝宝一生病了就会给他吃药，甚至为了让宝宝快点好，就带他们打针输液。

其实，有的时候宝宝的病情不一定非得要吃药打针，他们生病可能是为了产生抗体出现的短暂状态。所以，妈妈要根据病情合理用药，因为经常吃药打针会使宝宝的抵抗力下降。

噘起嘴巴看似委屈——有所需求的表现

🎵 **宝妈**：宝宝经常会时不时地噘起自己的小嘴，看起来非常委屈，而且时常盯着我，有的时候我不搭理她，她就哇哇大哭。经常搞得我束手无策。

小提示：宝宝噘起小嘴，其实是有所要求的，妈妈没有满足他们的需求，他们当然会哭了。所以，当宝宝出现噘嘴的行为的时候，妈妈就要注意了，一定要满足宝宝的需求，要不然你就要做好应对他们大哭的准备了。

和老人一起带孩子总是会出现很多问题。这不，娜娜的妈妈就遇到了这样的问题。

妈妈觉得应该多带孩子进行户外活动，这样可以提高宝宝的抵抗力。可是奶奶却认为冬天太冷了，不让宝宝出去，怕宝宝会冻着。就算是出门也要给孩子穿上厚厚的衣服。

由于奶奶不让出门，娜娜就像是变了一个人似的，不像之前那么高兴了，而且还经常噘着小嘴，用委屈的眼神看着妈妈，有的时候看着看着还会哭起来。娜娜莫名的啼哭让妈妈非常心烦，有的时候会忍不住向娜娜

发火，结果娜娜哭得更厉害了，最后还得要妈妈哄好。

有一次，妈妈抱着娜娜来到窗户前，刚开始的时候娜娜非常兴奋，总是用小手拍打着窗户。可是，没过一会儿，娜娜就又噘起了小嘴，看似一副非常委屈的表情。当妈妈看到娜娜这个动作的时候，心里非常害怕，因为她知道娜娜又要哭了。就在妈妈不知所措的时候，楼上的邻居小李来敲门了，小李说："天气这么好，我们带孩子出去吧。"这个时候，奶奶从房间里走出来，对邻居说："外面太冷了，会冻着孩子的。"小李笑着说："阿姨，不会的，你看天这么好，怎么可能会冻着孩子呢，孩子经常待在屋里会闷坏的。"奶奶刚要阻止，见娜娜高兴地拍起了小手，也就没有再说什么。

于是，妈妈就给娜娜披上了外套，和小李一起下楼了。来到楼下之后，娜娜噘起的小嘴收了回去，脸上也露出了久违的微笑，变得和之前一样活泼好动。看到娜娜不再啼哭了，妈妈也很高兴。这个时候，小李家的孩子把手蒙上自己的眼睛又拿开，还做着不同的鬼脸。这些举动把娜娜逗得哈哈大笑。就在娜娜大笑的时候，妈妈陷入了沉思。

专家解读：

有的时候宝宝会噘起小嘴，看似非常小的动作，却是在向妈妈提出要求。有的妈妈可能不明白隐藏在这背后的秘密，不能够及时满足宝宝的需求，宝宝就会出现大哭的现象。当宝宝哭起来的时候，妈妈会不知所措，便着急地去哄，可是越哄宝宝哭得越厉害，经常让妈妈烦恼不已。

其实，宝宝是不会无缘无故噘起自己的小嘴的。当他们想要做某件事情或者是想要某样东西的时候，他们并不能用语言进行表达，就会噘起自己的小嘴，告诉妈妈要满足他们的要求。妈妈如果懂得宝宝的这种行为，就会很容易满足他们，那么他们也就不会再用哭来继续提醒妈妈了。

延伸阅读：

这里所说的满足宝宝的要求，指的是满足合理的要求，并不是满足宝宝的所有要求。比如，如果宝宝想要一样非常危险的东西，即使我们明白他的意思，也是不能满足他的要求。我们应该指着那个东西对宝宝说："这个东西宝宝是不能玩的，它是会弄伤宝宝的，宝宝受伤了就会很疼的，宝宝就要去医院了。"如果宝宝仍然坚持要，妈妈最好是拿一个别的东西去转移他的注意力或者是换一个环境，尽量不要让他大哭大闹。宝宝开心了，妈妈也就放心了。

先自己笑再把脸转向别人——想要分享喜悦的心情

宝妈： 我家宝宝9个月了，刚刚学会走路，有的时候当她扑向我怀里的时候，就会高兴地笑起来；有的时候还会趴在我的怀里对着我笑。我在想她是不是在向我分享喜悦的心情呢。

(小提示：) 宝妈的这种想法是正确的，宝宝这个时候的笑容就是在向妈妈分享喜悦的心情，他们在告诉妈妈："妈妈，你看我做到了，我很高兴，你是不是也很高兴呀？"

依依是一个非常爱笑的孩子，不管见到谁，总是会对别人笑，所以周围的朋友以及邻居都非常喜欢他。

依依刚生下不久常常在睡觉的时候露出甜甜的微笑。虽然是轻轻一笑就消失了，但是却让妈妈十分的兴奋。宝宝的笑容代表着宝宝很高兴，宝宝高兴了，妈妈自然也就高兴了。

在依依生下两周后的一个早上，还在睡觉的妈妈感觉到依依在动，妈妈以为依依饿了，就迷迷糊糊地睁开眼睛准备给他喂奶。但是妈妈睁开眼睛之后，却看见依依正对着她笑呢，妈妈的困意瞬间就没了，取而代之的是浓浓的幸福感。因为，这是宝宝第一次对自己笑。虽然自从做了妈妈之后非常辛苦，但是看到宝宝的笑容，所有的劳累和不适都一扫而光了。

转眼间，依依9个月了，这个时候的依依更加的活泼了，只要别人一逗就咯咯地笑，露出两颗小门牙，非常可爱。

有一次，妈妈喂依依喝水，依依伸出小手想要自己拿着杯子喝，妈妈就松开了手，由于是第一次拿，依依并没有拿住。妈妈就教依依如何拿杯子，经过几次教导之后，依依已经能够将杯子牢牢地握在手里了。这个时候，依依露出了满意的笑容，并且还对着妈妈笑了笑。妈妈感到非常吃惊，在吃惊之后，对着依依竖起了大拇指，并且说了一句"真棒"。受到妈妈的鼓励，依依笑得更加灿烂了。

专家解读：

当宝宝长到9个月的时候，他们就会用笑容来表达自己的喜悦之情，当他们做成功了一件事情，他们就会自己先笑一下，然后再对妈妈笑一下，想与妈妈分享喜悦的心情。这个时候，妈妈就要给出一个积极的反应，夸奖宝宝，帮助宝宝树立信心，帮助他们做得越来越好。

延伸阅读：

对于每一位妈妈来说，宝宝的微笑都是妈妈们最想看到的事情。宝宝的笑容能够给予妈妈足够的力量，让她们所有的辛苦一扫而光。

在宝宝出生的第一年里，他们的笑容是蕴含着丰富的内容的。他们用笑容向妈妈传递快乐的信号，同时也是他们成长中的一个里程碑。在这一年当中，宝宝的笑容是有很多变化的，每一种变化都代表着他们又成长了一步，他们又进入了一个新的人生旅程。

新生儿时期的宝宝，在他们睡觉的时候，偶尔会出现短暂的笑容。这种笑容属于"自发性微笑"或者是"天使之笑"，这种笑容是宝宝体内受到刺激发出的机械性的笑容。这个时候宝宝并不是在向父母微笑，他们只是本能地发出微笑。虽然他们没有对爸爸妈妈微笑，但是爸爸妈妈也要尽量多对他们微笑，将喜悦的心情传递给宝宝。虽然他们很小，但是也能感受到你的快乐。

当宝宝长到3个月大的时候，是宝宝真正会笑的时候。在这个时候，当熟悉的人逗宝宝，宝宝就会露出开心的笑容。当他们见到新鲜的事物时，他们也会露出笑容，而且手脚还会不停地乱动，非常的兴奋。通常情况下，宝宝在看到妈妈的时候就会不自觉地露出笑容，这个时候被称为"天真快乐效应"。因为妈妈在他们小的时候经常对他们微笑，在他们小小的脑袋中留下了印象，所以当他们长大之后也会将这种笑容传递给妈妈。同时，也预示着宝宝的精神发育有了巨大的进步，是宝宝智慧的表现。所以，爸爸妈妈一定要对宝宝笑，用温柔的语言、愉悦的表情让宝宝多笑，早点笑。研究表明，笑得越多，笑得越早的孩子，就会越聪明。爸爸妈妈们想要一个聪明的宝宝，就不要吝啬自己的笑容。

当宝宝在6～9个月的时候，他们会因为自己做成功了某件事情而开心。到9个月的时候，宝宝就有了想要与妈妈分享喜悦心情的渴望。当他们做成了一件事情之后，就会露出笑容，然后再对妈妈微笑。很多妈妈虽然也注意到了宝宝的这种行为，但是并不理解背后所隐藏的秘密，虽然也回应了笑容，但并没有给出宝宝鼓励，宝宝就会感到很失落，失去信心，在以后做事的时候也就不再那么积极了。

当宝宝进入1岁这个阶段的时候，就会懂得用笑容来表达自身的需求。如果他们需要什么，他们就会伸出自己的手指指向它，还会用表情来配合自己的动作。他们会通过笑容来让爸爸妈妈高兴，从而获得自己想要的东西。

随着年龄的增长，宝宝的笑容也会代表不同的含义，妈妈要根据不同的情形进行区分，慢慢地了解宝宝微笑背后的含义。

需要注意的是，宝宝的笑容也是营养的"晴雨表"。如果宝宝在出生3个月之后还不会笑，总是一副严肃的表情，而且表情呆板，这可能是由于缺锌引起的。这个时候妈妈要注意给宝宝补充微量元素了。

背着人偷偷笑——宝宝害羞了

宝妈：我家宝宝在家里的时候特别活泼开朗，可是每当家里来客人的时候，或者是带她出去见到陌生人的时候，她先看看那个人，虽然也笑了，但是笑完会把头埋在我的怀里，然后偷偷去看客人，再接着笑，然后又把头埋进了我的怀里，双手也是紧紧地搂住我的脖子。这是怎么回事呢？

小提示：这是宝宝害羞的一种表现，当宝宝见到陌生人的时候，他们会害羞，甚至对人家微笑都会觉得不好意思。因此就会将头埋进妈妈的怀里。害羞虽然不是什么大问题，但是会让孩子变得胆小、懦弱、内向。害羞同样也要引起家长们的注意。

佳鑫快8个月了，平时主要由奶奶带，妈妈只有在周末的时候才有时间和小佳鑫待在一起。佳鑫的妈妈一直担心孩子会内向，不幸的是担心变成了现实。

最近一段时间，妈妈发现佳鑫特别怕陌生人，有陌生人逗他的时候，他就会把头埋进妈妈的怀里，别人对着他笑的时候他就把头转向一边，然后偷偷地笑。他不敢对着陌生人笑，看别人也是偷偷地看。

妈妈就和大姨说起了自己的担心，大姨笑着说："没事的，小孩子见到生人害羞是正常的，等到大一点了就好了。"

可是过了很久，佳鑫的害羞行为没有减轻，反而加重了。每当见到陌生人，还是会露出害羞的笑容，然后把头埋进妈妈的怀里，时不时地露出小脑袋看看陌生人。

看到这样的佳鑫，妈妈非常担心。

专家解读：

害羞的佳鑫心里在想什么呢？很多家长都会遇到佳鑫这样的问题，也会为孩子的这种表现所困扰。他们担心孩子过分内向会给身心带来不利的影响。其实，内向和外向，害羞或者是张扬只是性格的问题，是没有优劣之分的。

害羞是人内心产生的一种不安的情绪，是内心缺乏安全感的表现，从积极的方面来说，它是宝宝在进行自我保护的一种行为。妈妈作为孩子的保护伞应该积极去保护孩子，让孩子缓解心中的恐惧，让孩子变得活泼开朗起来，去鼓励孩子，而不是站在孩子的对面去挑剔他的毛病。

从消极的方面来说，虽然害羞是一种正常的生理现象，但是如今的社会越来越开放，也越来越需要交流和表达，如果孩子过分害羞，就可能影响到孩子正常的生活、学习和交往，甚至会影响到孩子将来的发展。

害羞带来的危害

1. 害羞容易导致孩子自卑

害羞的孩子的自信心是比较低的，对于自我总是保持一种否定的态度。他们对自己的评价总是很低。他们也许会认为自己的相貌平平、能力一般，或者是缺乏魅力、不善表达等。他们经常被一些负面的情绪所影响，当他们遭遇挫折或者是受到别人的嘲讽的时候，他们这种自卑的心理就会更加强烈，就会变得更加内向，长此以往对孩子的身心会造成不良的影响。

2. 影响孩子的人际交往

害羞会直接影响到孩子和他人的相处，害羞的孩子在别人的眼里都是沉闷乏味的，这样的孩子是不太受欢迎的。害羞的孩子本来就不愿意和别人交流，有强烈的孤独感，会经常感觉到自己形单影只，经常被别的小朋友或者是伙伴们排斥在活动之外，不能够很好地融入同龄人的圈子当中。

3. 影响孩子的语言、情绪等认知能力的发展

害羞的孩子是不愿意和别人交往的，说话的机会和时间就会比别的孩子少很多，而0~3岁是孩子语言和情绪等认知能力发展的关键时期，如果这个时期的孩子过于害羞的话，就会影响到他们的语言能力以及情绪的发展。

延伸阅读：

害羞对于孩子的影响是非常大的，它可能是由孩子天生的性格决定，也有可能是由于孩子遇到尴尬、失败挫折的事情导致的。所以，在面对孩子的害羞的时候，父母也要对自己的言行反思，用各种办法帮助孩子告别羞涩。

解决害羞的办法

1. 不要给孩子贴上害羞的标签

每个周末妈妈都会带 4 岁的丁丁参加朋友聚会，当朋友和丁丁打招呼的时候，丁丁总是会躲到妈妈的身后，这个时候妈妈会很友善地向朋友解释说："他很害羞。"

当朋友问丁丁："要不要喝果汁，吃饼干吗？"这个时候妈妈就会替丁丁回答："他太害羞了，别管他，他自己会喝的。"

当着孩子的面说孩子害羞是非常不妥的一种行为，这样容易给孩子贴上害羞的标签，并且深深植入孩子的内心，会让孩子觉得自己就是这样的，他以后就会用这个标签来逃避自己不喜欢的人或者自己不喜欢做的事。

如果孩子在朋友面前有害羞表现时，最好不要说孩子害羞，即使孩子不说话，躲到你的身后，也不要说孩子害羞。当孩子不理别人的时候，也不要强硬地让孩子开口，而是继续你和客人之间的谈话，并且告诉孩子："如果你准备好了，就加入我们吧。"要给予孩子足够的信心。

如果父母对孩子的某种行为很反感，就表明孩子觉得只有在你注意到他的时候才能够获得归属感。也就是说，父母知道孩子害羞，但是会一直纵容他的这种行为，而不去鼓励他改变，就像丁丁的妈妈一样，对于孩子的害羞只是和朋友们说了他很害羞，但是并没有和孩子说明应该怎么样去做，这其实也是一种纵容的表现。在面对孩子害羞的时候，我们可以这样对孩子说："我发现别人问你问题的时，你不搭理，这是一种不礼貌的行为，你如果不想和别人说话，最好是告诉别人你不想说话的理由。但是不管怎么样父母都是爱你的。"

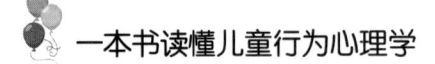

这样和孩子讲明白之后，也许孩子就不会那么恐惧和别人说话了，也就会主动和别人说话，变得不那么害羞，也不会再用这种方式获得父母的关注了。

2. 给孩子适应新环境的时间

每次出门前，妈妈都要叮嘱小宝，见到生人跟你打招呼不要害羞。但是，每次见到陌生人，小宝总是躲在妈妈的身后，无论妈妈怎么说，小宝就是不说话。有一次，妈妈带小宝去公司玩，妈妈想让小宝给公司的叔叔阿姨唱歌，小宝就站在那里也不唱歌，看着那么多的叔叔阿姨，小宝就是张不开嘴，妈妈一个劲儿地在下面催促，看着焦急的妈妈，小宝竟然哭了起来。这让妈妈非常尴尬。

性格内向的孩子适应新环境的能力是非常差的，他们本来就不善于表达，在陌生的环境中会加剧内心的恐惧。如果这个时候父母勉强让孩子在不熟悉的人面前做他们不愿意做的事情，就会让孩子非常的紧张，有的甚至会产生逆反心理。那么当孩子出现拒绝的行为的时候，父母应该怎么做呢？

孩子有不愿意做的事情是非常正常的，尤其是当他们面对新的环境，面对陌生人的时候，或者是不想参与需要按照别人的标准做事情的时候，应该给予他们处理新情况的时间，要给他们一个过渡，让孩子慢慢地放松下来，等到孩子放松了，他也就会按照你说的去做。让孩子在一个轻松的氛围当中，孩子就会给你一个意想不到的表现。

当小宝的妈妈了解到自己的不妥之处后，就不再强迫小宝给叔叔阿姨们唱歌，而是让小宝按照自己的意愿去做事情。这样一来，小宝不但非常愿意去妈妈的公司玩，而且表现得也非常活泼，公司的叔叔阿姨都非常喜欢小宝。等到和叔叔阿姨熟悉了之后，小宝总是"叔叔""阿姨"叫个不停，有一次竟然绘声绘色地给他们讲起了故事。看到像换了一个人似的小宝，妈妈也非常高兴。

3. 鼓励孩子勇敢表现

"下雨的时候，我们为什么先看见闪电后听见雷声呢？"妈妈话音刚落，明明抢着回答说："这太简单了。""那你说说看是为什么呢？""这是因为……"当所有人的目光都注视到明明身上的时候，明明却欲言又止了，"我不告诉你，反正我知道。"于是就自己玩玩具去了。明明是一个非常害羞的孩子，他经常会鼓足勇气去做一件事情，但总是会在"子弹"要出膛的那一刻败下阵来。

孩子的这种欲言又止的行为，可能是会担心说错话受到小伙伴的嘲笑，又或者是有做错了事情受到指责的经历，所以他们才会在关键的时刻退缩。

如果孩子出现了这样的行为，父母应该注意要照顾到宝宝的自尊心，要避免与其他孩子对比，这会在一定程度上加剧孩子的害羞心理，也许父母会认为这样会鼓励到孩子，结果是相反的。

在孩子刚开始试图进行突破的时候，他们会有所尴尬，也许会表现得不是很好，但是，如果这个时候得到了父母的鼓励，他们就会勇敢地迈出艰难的一步。当孩子迈出第一步的时候，父母要将鼓励进行到底，即使是孩子的一点点进步，也要予以表扬，这样会让孩子一直坚定地走下去。

当孩子出现说话顾虑的时候，要在家里给孩子创造一个无忧无虑说话的环境，让他们决定自己在外面该不该大胆地说话。

明明这样的情况，妈妈最好是用鼓励的眼神对明明说："明明知道答案，那就赶快告诉我们吧，我们正等着听呢。"如果明明还是不肯说的话，妈妈可以问其他的小朋友："小朋友，你们想不想知道这个答案呢？"这个时候，再向明明投去鼓励的目光，用眼神鼓励孩子说出答案。即使明明表达得不是那么清楚，妈妈也应对孩子的表现加以表扬，这样能够让孩子获得成就感，以后就会放开去说话了。

举手投足，
展现宝宝的大智慧

当宝宝用手抚摸你的脸颊的时候，是不是感觉到非常的幸福呢？当握住宝宝可爱的小脚丫的时候，是不是感觉到很可爱呢？但是，当宝宝渐渐长大的时候，你就会发现曾经那么可爱的小手小脚也会给你带来无尽的烦恼。在烦恼之余，你也会为此感到惊讶、感到神奇。当你冷静下来，你会发现，其实那是孩子智慧的表现。

吃手指——对外界积极探索的表现

宝妈：我家孩子太喜欢吃手指了，就好像手指上涂了一层蜜一样，总是吃不够，开始以为他是要长牙，给他买了磨牙棒，可他仍然对手指情有独钟，真的是拿他一点办法也没有啊。

小提示：孩子吃手指是非常正常的一种表现，小孩子都喜欢吃手指。家长们最好不要阻止，因为这是他们探索世界的表现。

萱萱4个月了，最近特别爱吃手指，经常将大拇指放在手里吃个不停，有的时候妈妈怕手上有细菌也会阻止，但是仍然阻止不了她对于手指的热情。尝试过多种办法之后，仍然没有效果，妈妈也就放弃了。最有意思的是，萱萱还会变换不同花样吃，有的时候会吃大拇指，有的时候会吃中指和无名指，有的时候甚至还会把5个手指都塞到嘴里。一边吃手指，一边看着妈妈，就好像在说："妈妈，手指可好吃了，你要不要一起吃啊。"对于萱萱吃手指，妈妈是既担心又无奈，担心手上有细菌会影响到萱萱的健康，但是对其又没有任何有效的办法。

专家解读：

当宝宝长到三四个月大的时候，都喜欢把手塞在嘴里津津有味地吃个不停。手指就好像拥有了巨大的魔力一样，对宝宝总是有着很强的吸引力。妈妈们对此非常的不理解,一个手指有什么好吃的呢,为什么他们会吃的那么有滋有味的呢?难道小孩子的手指上真的像人们所说的"有三两蜜"吗?还是小孩子的味觉和我们的不同呢?有的妈妈处于好奇的心,也会吃吃自己的手指,但是除了咸味之外,并没有其他特别的。妈妈的疑惑也就会更大了。

其实,宝宝喜欢吃手指,并不是意味着宝宝想要吃东西,或者是肚子饿了,而是孩子想通过吃手指来了解自己的能力,是对世界进行积极探索的表现。吃手指证明宝宝支配自己行动的能力有很大提高,婴儿能够用自己的力量将物体送到嘴里是非常不容易的一件事情。所以,当宝宝开始吃手指的时候,说明他已经能够很好地进行手口之间的配合,协调能力得到了发展。当宝宝在不停地变化吃手指的方式时,也说明他们在开动脑筋,用不同的方式,得到不同的感知。他们开始知道变换,也是智力不断发展的证明。所以说,爸爸妈妈千万不要认为宝宝吃手指是一种坏习惯,对其强加阻拦,引起宝宝的不满和哭闹,甚至是情绪上的波动。这都是没有必要的,因为随着年龄的增长,宝宝的这种行为就会逐渐消失。

延伸阅读:

弗洛伊德说:"早期婴儿的口部运作是心理的核心。"在婴儿吃手指的背后也是隐藏着很多心理上的秘密的。宝宝吃手指是学习和探索物体的特殊行为,是大脑发育、心理发育和心理成熟的需要。

除此之外，宝宝吃手指也是自我认知的开始。宝宝喜爱开始吃手指的时候并不知道那是自己的手，在不断地吃手过程中，他们会发现原来这是自己的手，我可以自己支配，只要我想吃，我就可以随时吃到。在这个过程中，孩子的自我意识和自信心随之发展，也是心理成长所必需的。如果婴儿的这一行为被阻止，长大之后可能会形成焦虑、多疑、敏感、胆怯的性格。

除了吃手指，婴儿还会啃咬其他玩具，这也是宝宝学习和探索物体的特殊行为。从出生开始，宝宝的身体部位活动还不够自主，其他部位的活动还不够灵敏。这个时候，最灵活、最灵敏的部位就是口腔了，嘴唇可以进行灵活的吮吸，能够感知冷暖。随着宝宝的渐渐长大，宝宝的口部感知能力也会越来越灵活，越来越强。当他们在啃咬东西的时候，是能够获取到信息的，就是我们所说的酸、甜、苦、辣等。而且这种感觉会作为一种记忆储存在大脑当中，这种经验会越来越丰富、越来越多，能够很好地促进大脑的发育。

除了促进宝宝的身心健康发展之外，最新研究表明，宝宝吃手啃玩具，能够降低口腔敏感性，对于日后添加辅食、接受固体食物有着很大的帮助。

除此之外，宝宝吃手指对于安抚宝宝的情绪也能够起到积极的作用。当宝宝饿了、生气了或者是寂寞的时候，吃手指能够起到一定的缓解作用。

石头刚生下来的时候，爸爸妈妈带着他去采集足跟血，因为当时采集的人很多，爸爸就抱着他在外面等着。突然，石头毫无征兆地就哭了起来，就在爸妈不知所措的时候，护士走过来就把孩子的手指塞到了孩子的嘴里，小家伙就认真地吃了起来。护士说："孩子饿了，让他吃一会儿手指，他就不会哭了。"当采集完足跟血之后，回到病房，妈妈赶紧给石头喂奶，小家伙就大口地吃了起来。

虽然吃手指对宝宝有着重要的意义，但是也会出现什么都往嘴里塞、吃手过于频繁的现象，对于宝宝吃手指妈妈还是需要注意一些问题的。

1. 注意卫生

当宝宝习惯性吃手后，他们手的功能也就会被唤醒。当他们的手开始学会抓东西的时候，他们就会将各种东西往嘴里塞，其实，这也是宝宝在分辨哪些东西可以吃，哪些东西不可以吃。妈妈要做的就是及时地给宝宝擦手，将各种玩具消毒，在确保卫生的条件下，让宝宝尽情地去吃。

2. 为宝宝创造"吃"的条件

当宝宝开始吃手指的时候，妈妈应该保持冷静，不要阻止宝宝。否则不仅对宝宝的身心发展有不良的影响，如果过分阻止他们探索的欲望的话，他们甚至还会捡地上的食物残渣，甚至是抢别人手里的食物，还会延长宝宝的吃手指的时间。所以，爸爸妈妈要创造条件让宝宝去吃。比如父母可以为宝宝提供一些能够用手拉、扯的玩具，比如手摇铃、悬吊玩具等。宝宝拉、扯玩具会比吸吮手指来得更有成就感，于是渐渐地，他就会减少把手放到嘴里的动作。另外，多陪陪宝宝，多带宝宝出去，这样也可以转移宝宝的注意力，会减少他们吃手的频率。

紧握拳头——紧张害怕的表现

宝妈：最近刚刚生了小宝宝，全家人都非常开心。但是，小家伙好像并不是很开心，总是喜欢握着自己的小拳头。醒着的时候会握着，睡觉的时候也会握着，有时候给他掰开了，可是没有一会儿就又握上了，这是怎么回事呢？

小提示： 刚刚生下来的宝宝都会出现握拳头的现象，从生理上来看是因为婴儿的神经系统没有发育完全，屈肌的力量要大于伸肌的力量。从心理学上来看，是因为刚刚出生的宝宝对于陌生的世界还不熟悉，会有紧张害怕的感觉，这个时候他们也会握起自己的小拳头。除此之外，在宝宝生病的时候，也会握紧小拳头。看似很小的动作，却隐藏着很大的秘密，妈妈千万不可忽略掉这个小动作。

小丽刚生完宝宝，护士将小家伙抱到小丽的身边，看着熟睡中的小家伙，幸福之感油然而生。小家伙安静地躺在小丽的怀里，眼睛紧紧地闭着，黑黑的头发，两只小手蜷缩在胸前，就好像在保护自己一样。小丽望着小家伙，所有的疼痛都忘得一干二净了。小丽想要去摸摸小家伙的手，但是小家伙的手却紧紧地握着，小丽将他的手掰开，将自己的手指放到了小家伙的手心里。小家伙似乎感受到了妈妈的手，紧紧地握住了小丽的手。虽然宝宝很小，但是却充满了力量。

不一会儿，小家伙睡醒了。慢慢地睁开眼睛，小心探寻着周围的世界。这时，小丽注意到宝宝的手仍然是紧紧握着。为什么会这样呢，小丽不禁对此产生了浓浓的好奇心。之后，小丽就一直关注着宝宝的小拳头。

转眼就过了两个月，小丽发现宝宝除了睡觉的时候握着拳头，在其他的时间会把手慢慢地张开。又经过了一个月的时间，小家伙开始将整个拳头都塞进嘴里啃。小丽知道这是正常现象，但是她仍然密切关注小家伙的拳头。

不知不觉，宝宝已经6个月了。他不再像以前那样紧握拳头了，手能够完全伸开，而且是见到什么抓什么，小手的力量也越来越大，有的时候小丽抢他手里的东西都要费好大的劲。看着小家伙生龙活虎的样子，小丽的心里充满了喜悦之情。

专家解读：

宝宝稚嫩的双手是非常可爱，小小的、胖嘟嘟的，爸爸妈妈总是喜欢握着宝宝的小手在脸上蹭来蹭去，就好像在和宝宝进行心灵上的对话。而宝宝也喜欢用小手向爸爸妈妈传递自己的需求。比如他们紧紧握住的拳头。父母要仔细留意宝宝手部的动作，及时探查到他们的内心世界。

每一个刚刚出生的小宝宝，都会紧紧握着自己的拳头。这是正常现象，不需要过分担心。但是，爸爸妈妈需要注意的是，应该及时帮助宝宝打开双手。因为打开宝宝的双手，其实也是帮宝宝打开智慧之门。蒙台梭利曾经说过："人类的手是如此的细致与复杂，不仅能使心智显现出来，也能使整个生命与环境进入新的关系。甚至可以说，人类是借助手而拥有了环境。双手在智慧的引导下，改变了环境，进而使人完成世上的使命。"宝宝的手部发育与大脑有着密切的联系。手部动作可以促进宝宝神经系统的发育，而且对诱导婴儿的心理发展具有更重要的意义。当宝宝伸开手指之后，他们可以尽情地摆弄各种物品，可以抓，可以扔，可以体会手部动作带来的乐趣。在收获乐趣的同时，也会提高宝宝主动学习和从事各种活动的能力，促进宝宝知觉和思维能力的发展。

延伸阅读：

妈妈们要帮助宝宝解放双手，让他们用双手去探索、去发现，去创造更多的奇迹。那么，妈妈应该如何解放宝宝的双手，让宝宝的双手张开呢？

（1）洗澡的时候别忘洗宝宝的小手。把手指尖轻轻伸进宝宝的手掌里，在小手心里轻轻地来回转动，一边清洗一边按摩；同时和宝宝说说话："洗洗小手，摸摸小手，亲亲小手，好香啊！"低月龄的宝宝最喜欢看妈妈的脸，听妈妈的声音，宝宝会感觉安全和放松。

（2）喂奶的时候把宝宝搂在怀里，把你的手指伸进他的手心里，大手握小手，轻轻地摸一摸，缓缓地摇一摇；轻轻抚摸，张开宝宝的拳头，让小手掌触摸妈妈的脸；不停地和宝宝说说话，这样宝宝就能感到满足又舒服。

（3）多抱宝宝，经常给宝宝做手指按摩。宝宝因紧张害怕而握紧拳头的时候，妈妈应该多抱一抱他们，经常给宝宝做做手指按摩，轻轻地捏住宝宝的手指，在他的手心里画圈，让宝宝感受到手和手接触的乐趣。这样就会让宝宝放松心情，从而放开紧握的拳头。

需要提醒爸爸妈妈的是，宝宝在睡觉的时候。如果松松地握拳，父母最好陪在宝宝的身边，不要去打扰，让他们安心地睡觉；如果宝宝生病时紧紧地握拳，这就需要父母多加注意了。

为了更好地促进宝宝的智力发育和神经系统的发展，妈妈可以和宝宝多做一些关于活动手指的游戏。比如，开心布娃娃游戏。

游戏方法：将旧手套或者是旧衣服改装一下，可以变成一顶套在手掌或者手指上的"小帽子"，然后在上面画上宝宝喜欢的图案，或者是卡通人物。

步骤1：妈妈和宝宝一人一个玩偶，套在手掌上或手指上，用手指和手腕前后左右地摆动，可以让玩偶活动起来。

步骤2：在做游戏的同时，可以通过手指来进行辅助讲故事，随即编一些歌谣或者宝贝熟悉的故事，和宝贝共同创造一个神奇的"小人国世界"。

贴心提示：如果是比较小的宝宝，妈妈可以给他们制作一些比较大的玩偶，让他们套在手掌上玩。如果是比较大的宝宝，除了给他们准备比较大的玩偶之外，还可以准备一些小指偶，这样可以充分锻炼他们小手指活动的能力。

喜欢抓东西——敏感性的表现

宝妈：我家宝宝就是个小淘气包，非常喜欢抓东西，尤其喜欢玩抓泥巴，经常把刚刚换好的衣服弄脏。你给他换衣服的时候，他还会将偷偷抓在手里的泥巴抹在你的脸上，当看着他傻傻对你笑的样子时，刚刚抬起的手只好默默地收回去。

小提示：孩子喜欢抓东西其实是孩子敏感性的表现，是探索世界的开始。如果妈妈阻止了宝宝抓东西的行为，就可能会禁锢住宝宝的思考能力。其实宝宝在抓东西的时候也是在经历不断的探索性思考，他们的动手能力反映了他们的思维过程。所以，妈妈应该让宝宝的小手动起来，这样也会让孩子们的大脑活动起来。

闹闹8个月了，以前的闹闹是一个非常安静的小家伙。总是喜欢静静地坐在那里，也不爱动，和别的小朋友在一起的时候，也总是看着别的小朋友玩。可是，最近闹闹好像变了一个人似的，非常活泼好动，尤其是喜欢抓东西。

有一次，奶奶喂闹闹米粉。和往常一样，给她带上围嘴，坐在儿童椅上，拿着煮好的米粉准备喂她。可闹闹没有像之

前那样安静地坐着等着吃，而是在她吃了一口之后，就伸出小手想要抢勺子，被奶奶"无情"地拒绝了。可是闹闹并没有放弃，又吃了几口米粉之后，仍然伸手要抢勺子。奶奶说："你还小呢，拿不好。"再次失败的闹闹使出了绝招：哇哇大哭起来。奶奶只好将勺子递给了小家伙。闹闹拿到勺子之后紧紧地握在手里，学着奶奶的样子，将勺子放到了嘴里。奶奶笑着说："你光吃勺子啊，你得吃米粉啊。"说着就要抢闹闹手里的勺子，可这小家伙紧紧握住勺子不撒手，奶奶怕她再哭起来，就只好握着宝宝的小手，让她自己吃米粉（就好像我们小时候父母握着我们的手教我们写字一样），就这样艰难地吃完了一碗米粉。后来，奶奶将这件事情告诉了闹闹妈妈，而闹闹妈妈非但没有生气还非常高兴，因为她知道这是宝宝想要学习新东西了，想要自己动手完成一件事情，这是宝宝的进步。

专家解读：

当宝宝长到8个月以后，他们就喜欢自己抓着东西吃。他们不再像以前那样乖乖地等着食物喂到嘴里。喜欢一边吃，一边抓着玩。宝宝觉得这样非常有乐趣。可是有些妈妈怕宝宝把衣服弄脏，经常阻止宝宝的这些行为。妈妈的做法其实剥夺了宝宝用手的自由，也剥夺了宝宝探索世界的机会。当宝宝和爸爸妈妈哭闹要勺子的时候，爸爸妈妈应该为此感到高兴，因为宝宝开始想要自己去做事了，这种行为是应该得到父母的鼓励的。

宝宝通过小手的不断探索，手指越来越灵活，大脑也得到了很好的发展。起初，宝宝见到方的东西就捏，见到扁的东西就扔，见到线就拽；后来又慢慢学会开门、关门，拉拉抽屉看里面有什么；要自己抓饭吃、抓泥沙玩，就这样不停地玩耍。虽然看起来宝宝在做一个简单的动作，可是对他们来说，通过手去摸、揉、扔、拽等动作来感知一切用手能接触的物体，感知它们的形状，感知它们之间的差别。这就是他们探索、认识世界的过程，是锻炼思维的过程。

在大人们的眼里，宝宝的这些手部动作非常简单。但是在宝宝的世界当中，他们需要用手去触摸，去抓，去捏，去扔，去拽等动作感知物体，感知世界，认识世界。

如果宝宝在这个时期，动手的活动能够自由发展，那么将来一定会成为聪明的宝宝。当宝宝表现出爱抓拿东西时，爸爸妈妈不要阻止，应该鼓励宝宝，让他不断地去探索。

延伸阅读：

宝宝为什么喜欢抓黏黏的东西呢？

当宝宝在八九个月的时候，总是喜欢抓一些黏黏的东西。当他们抓到后，会发现这些东西的形状变了，这会让宝宝产生极大的兴趣。比如捏香蕉。在捏东西的时候，宝宝潜意识里可能会想："它为什么可以变成这样呢，真的是一件神奇的事情啊"。宝宝在捏的过程中，能够获得很大的满足感和成就感。

当宝宝手部处于敏感期的时候，如果在他们的面前放置同样的两个东西，一个是硬的，一个是软的，宝宝首先会选择去抓软的那一个。建议在这个敏感时期内，家长们能够给宝宝提供足够的软软的黏黏的东西，让宝宝去抓，这样会缩短宝宝手部敏感期。如果宝宝手部敏感期延长，在宝宝四五岁的时候会表现出拒绝用餐具吃饭，而直接选择用手抓着吃饭。因为他们潜意识里有想要通过抓来体验改变物体形状的感觉。

在宝宝处于手部敏感期的时候，爸爸妈妈还要注意宝宝手部精细动作能力的培养。那么什么是手部精细动作呢？所谓手部精细动作是指宝宝能够用两个手指把细小的物品捏起来，并且能够非常熟练地拿起、放下。宝宝手部精细动作的培养，对于宝宝的脑部发展和协调能力的提高是非常重要的，同时还能提高宝宝的认知能力，帮助宝宝建立空间意识。

看见熟人，张开双臂——表示欢迎

宝妈：我家宝宝6个月了，每当见到熟人的时候，总是会兴奋地张开双臂，笑眯眯地扑向熟悉的人。坐在沙发上的宝宝有时也会张开双臂摆动，非常的可爱。家人们也总是会被宝宝的动作逗得哈哈大笑。

小提示：这是宝宝在用自己的方式向对方表示欢迎和喜爱。如果看到了宝宝的这种行为，应该尽量抱起宝宝，以免影响到宝宝的情绪。

毛豆的爸爸像很多爸爸一样，上班总是早出晚归，因此和孩子的接触比较少。在毛豆6个月的时候，有一次，爸爸下班很早，回到家之后想要和毛豆一起玩。就从妈妈的手里接过了毛豆，刚到了爸爸的怀里毛豆就哭了。这件事情也让毛豆的爸爸意识到，缺少对孩子陪伴的严重性。于是就减少了加班时间，尽量早回家陪伴毛豆。刚开始的时候，毛豆还是会哭，但随着爸爸陪伴的次数越来越多，毛豆和爸爸越来越熟悉，也经常玩得不亦乐乎。

有一次，妈妈抱着毛豆下楼去玩，正好赶上爸爸下班回来了。爸爸在很远的地方就开始喊毛豆的名字。听到爸爸声音的毛豆放下手中的玩具，开心地张开双臂，迫不及待地想要爸爸抱。

但是，当爸爸走到毛豆的面前想要抱他的时候，正好碰见了隔壁的邻居，因为好久没见，于是爸爸就和邻居聊了起来。这时妈妈看到毛豆的脸上立刻露出了失望的表情，嘟着小嘴显得非常委屈，因为爸爸没有抱自己。

专家解读：

当宝宝长到3个月时，就已经能够认得爸爸妈妈了；6个月时，就能够区分亲人、熟人和陌生人了；8个月时，宝宝的活动能力大大增强，并且他的人际交往欲望也越来越强烈，因此会使用一些肢体语言来进行表达。比如，当见到亲人或者熟人时，就会张开双臂，扑到对方的怀里；见到小朋友时，也会伸手去触摸对方，以表示欢迎和喜爱。

但是在现实生活中，当宝宝做出这样的动作时，有些父母并没有在意，忽视和冷落了宝宝的感觉，使得宝宝产生回避父母的行为，以"惩罚"父母，这对孩子健全人格的形成有不良影响。因此，当宝宝张开双臂扑向你的时候，你应该立刻满足宝宝的情感需求，而且还要以同样的方式表达自己对宝宝的喜爱之情。

延伸阅读：

宝宝张开双臂扑向熟人不仅是宝宝情感的需要，也是宝宝人际交往的一种方式。在宝宝刚出生不久，他们就会用微笑来回应妈妈，这也是宝宝最初的人际交往。当宝宝长到8个月的时候，人际交往的欲望就会越来越强烈，于是就开始用肢体语言进行表达。比如，见到陌生人会伸开双臂表示欢迎；或者是通过相互触摸表示喜欢。所以，妈妈要在注意及时回应宝宝的同时，关注宝宝社交能力的发展，多带宝宝接触不同的人，教会宝宝交往的准则，为宝宝日后的人际交往打下良好的基础。

在陌生人怀里向妈妈伸手——宝宝认生了

宝妈：我家宝宝五个多月了，特别黏人，别人抱着的时候，总是向我伸手，我不抱她，过一会儿就哭了。这么黏着人可怎么办啊。

小提示：这并不是宝宝黏人，而是宝宝到了认生的阶段，妈妈不需要担心，每个孩子都会出现认生的现象。认生是孩子区别亲人和陌生人的标志，是成长过程中的重大进步，也是孩子智力发展的表现。

芊芊和姥姥家住得很远，芊芊从生下来就没有去过姥姥家。芊芊四个多月的时候，和妈妈一起回了趟姥姥家。到了姥姥家之后，姥姥非常高兴，伸手就抱过了芊芊。一边抱着一边说："都长这么大了，才第一次到姥姥家来，快让姥姥亲亲。"芊芊貌似被姥姥的热情吓到了，在姥姥的怀里芊芊突然"哇"的一声就哭了，眼睛盯着妈妈，小手伸向妈妈，身体一个劲儿地往妈妈的方向使劲。妈妈说："那不是姥姥吗？你见过姥姥的，忘了啊？"芊芊瞅瞅姥姥，感觉还是不对，就又哭了起来。姥姥说："小丫头，还认生了，快让妈妈抱抱吧。"可能是由于刚才太委屈了，妈妈接过芊芊之后，芊芊仍然大哭，最后还趴在了妈妈的肩膀上小声啜泣。妈妈哄了好半天，芊芊才缓过劲儿来。也可能是哭累的原因，慢慢地趴在妈妈的肩膀上睡着了。

专家解读：

很多家长都会遇到这样的情况，宝宝在百天之前常常是谁抱都可以，见谁也都会笑，那个时候的宝宝非常乖。可是到了5个月左右的时候，宝宝一见到陌生人就会躲，也不喜欢让陌生人抱。他们见到陌生人或者是被陌生人抱起的时候，总是想要挣脱，想要妈妈抱。如果妈妈没有抱，就会哇哇大哭。妈妈们也总是会说："越大越气人了，没有小时候乖了。"其实，这是宝宝到了认生的阶段，是正常的现象。

一般情况下，宝宝在4个月之前是不会认生的，这个时期的宝宝对周围的事物总是充满了强烈的好奇心。因此，当有人逗他的时候，他就会用笑容来回应；4～5个月的时候，宝宝就会对周围的事物产生警觉，在他们潜意识中通常会把陌生人与熟悉的人面孔进行比较，会对陌生的面孔产生恐惧，也就是进入了陌生期；5～7个月的时候，宝宝会在陌生人面前露出严肃的表情，他们会紧紧盯着陌生的人，然后再看看妈妈，好像在向妈妈寻求答案。当得到妈妈积极的回应之后，他们就会放松警惕，或者是对陌生人微笑，又或者是让陌生人抱抱；到12个月的时候，是宝宝认生最严重的时候，这个时候只要有陌生人一靠近或者想要抱抱他们，他们就会哇哇大哭。但是随着年龄的增长，宝宝见到的人越来越多，认生的现象也就会渐渐消失。

当宝宝开始认生了，就说明他们能够区分亲人和陌生人了，是宝宝情感发展的见证，是智力发展的表现。妈妈不要因为宝宝的哭泣就认为认生是一件不好的事情，应该为宝宝的认生感到高兴。

延伸阅读：

在现实生活中，很多妈妈并不知道这一点。当宝宝见到陌生人就哭的时候，妈妈通常会带着宝宝避开陌生人，或者匆匆地带宝宝离开，有的妈妈则直接将宝宝关在家里不让出去。这样做的结果通常会适得其反，让宝宝失去了和别人进行交流的机会，阻止了宝宝智力和社交能力的发展；另有些妈妈则为了锻炼宝宝的胆子，改掉宝宝认生的毛病，就直接将宝宝放到陌生的环境当中，有的时候宝宝在陌生人的怀里哇哇大哭，妈妈也不接过来，认为让别人多抱一会儿就好了。这样做会导致宝宝产生严重的抗拒心理，甚至还会形成严重的心理障碍。所以，这两种做法都是非常不可取的。那么，妈妈应该如何正确对待宝宝的认生呢？

1. 经常带宝宝出门见见人

当宝宝还没有认生意识的时候，妈妈就应该多带宝宝出门，让宝宝接触更多的环境，接触更多的人，丰富他们的生活，让他们的世界中不只有爸爸妈妈，爷爷奶奶。接触多了，宝宝也就不会那么认生了。

2. 多和宝宝喜欢的人待在一起

当了妈妈的人总是对宝宝有着很强的吸引力，这一点不仅体现在自家宝宝身上，也会体现在别人家的宝宝身上。

甜甜是一个非常认生的小女生，凡是家里来了陌生人都会哭，总是往妈妈怀里钻。有一次，刚刚做了妈妈的小姨来看她。虽然不经常见小姨，甜甜见了小姨之后并没有哭，而是和小姨笑了笑，小姨抱起甜甜，甜甜也没有拒绝。甜甜的妈妈感叹说："这就是母爱的力量啊。"

妈妈尽量带着宝宝多和当了妈妈的人或者是宝宝喜欢的人待在一起，

多和他们聊天，让宝宝和他们多熟悉，减少认生的程度。

3.不要立即让陌生人抱宝宝

宝宝不熟悉的人想要抱宝宝，可以先让他陪宝宝玩一会儿，这样可以建立和宝宝的感情。不要立即就将宝宝交给不熟悉的人，等熟悉了之后，再让他抱，这样可以减少宝宝的恐惧心理，防止宝宝以后害怕见到陌生人。

喜欢不停地倒东西——锻炼手腕灵活性

宝妈：最近我家宝宝特别喜欢玩倒水的游戏，只要看到我们拿口杯喝水，就会和我们要杯子。然后自己找个能装水的东西，不管大口径还是小口径，也不管倒不倒得进去，他总是非常认真地在那倒来倒去。经常把衣服弄湿，有的时候还会把地板弄得很脏。我不知道这是宝宝的什么行为，我应该支持他吗？

小提示： 这是宝宝在锻炼自己手腕的灵活性，是宝宝在进行自我练习。除此之外，流动的水也会引起宝宝极大的好奇，他们看到水可以从一个地方流到另一个地方感觉非常好奇，就会不停地倒水，是宝宝好奇心的需要。妈妈应该鼓励宝宝的这种行为，如果宝宝想要玩就让他多玩一会儿，注意安全就可以了。

小龙是1岁多的孩子，也是个非常淘气的孩子，经常给她的妈妈制造各种麻烦。

有一天早上，妈妈给他榨了一杯果汁，让他自己喝。可是他并没有直接喝掉，而是找来另一个杯子，将果汁倒进了杯子中，然后又将果汁倒回了原来杯子，就这样来来回回，果汁也洒了不少。妈妈生气地说："我辛辛苦苦给你弄的果汁，你看你浪费了多少，赶紧喝掉，不要再玩了。"小龙并没有听进去妈妈的话，仍然专心致志地玩着。妈妈见小龙没有听进去，硬是抢过小龙手里的果汁，这个动作好像吓到了小龙，小龙哇地一声大哭了起来。

专家解读：

很多孩子都会出现这样的行为，他们将水或牛奶洒得到处都是，或者是将沙子弄得浑身都是，这个时候，妈妈总会对他们严厉批评，或者极力阻止宝宝的这种行为。这些都是不对的。因为宝宝不能够很好地用语言来表达自己的内心想法，又不会向妈妈解释自己的行为，所以只能通过大哭来进行抗议。看到宝宝大哭，妈妈又得去哄，反而又给自己制造了更大的麻烦，经常会乱上加乱。妈妈的这种行为不仅会给自己创造更大的麻烦，还阻止了宝宝能力的发展，让宝宝产生极大的挫败感。宝宝的手从简单的抓握、弯曲、伸出一个手指到来回地倒东西，这是宝宝动手能力的飞跃，是宝宝在积极锻炼自己手腕的灵活性，妈妈应该感到高兴，不要总是认为孩子在为自己找麻烦。

延伸阅读：

人类的双手对人类的发展有着重大的作用，因此宝宝手指阶段的发展是非常关键的。当宝宝进行倒水、玩沙子、搬椅子等活动时，就是他们手部活动发展的时候，妈妈如果嫌麻烦，可以让宝宝帮助自己做一些简单的、力所能及的家务。虽然他们做得不是很好，但是能够很好地促进宝宝手腕灵活性的发展，还可以锻炼宝宝独立生活的能力。

身体挺直——表示反抗

宝妈： 我家宝宝的脾气真的是太差了，她特别爱玩擦屁股的护臀膏，你不注意的时候就会拿在手里玩。你拿过来，她就会特别不愿意，身体还不停地摆动，接着就是哇哇大哭。如果不给她，她就会使劲哭，真的是一点办法都没有。

小提示： 这是宝宝表示抗议的一种方式。宝宝们在不愿意做某件事情的时候，他们就会用某个动作来表示自己的不满。你把他喜欢玩的护臀膏拿走了，他就不乐意了，他又不能和你抢，只好用这种方式来表达自己的不满了。

臭臭3个月以前，他还没有太多的反抗意识。当你把他手里的玩具拿走的时候，他没有任何抗议的表现。但是，在臭臭长到四五个月的时候，当妈妈再把他手里的玩具拿走的时候，他就会直直地挺起自己的小身体，以表示对妈妈的抗议。

有一次，妈妈给他洗完澡之后擦痱子粉和护臀膏时，他对装痱子粉的小盒子产生了浓厚的兴趣，总是想方设法地想要用自己的小手去够，妈妈怕痱子粉呛到他的眼睛，就给他了一个护臀膏玩。小家伙对护臀膏也很感兴趣，就饶有兴趣地玩了起来。很快，妈妈就把痱子粉擦完了，准备给他穿衣服，于是想把他手里的护臀膏拿走，这时小家伙不干了，就是不撒手，于是妈妈就强硬地把护臀膏拿走了。这一拿走不要紧，小家伙马上不高兴了，躺在床上就挺直了身体，还不停地摆动身体。见妈妈没有把护臀膏给他，又闭起眼睛假装哭了起来。见妈妈仍然没有给他，就开始真的使劲哭，哭得脸都紫了，妈妈见状只好把护臀膏给了他，拿到护臀膏的臭臭马上就玩了起来，好像刚才什么都没有发生一样。

专家解读：

宝宝出现这种行为，说明宝宝有了自我意识，而且随着宝宝的不断长大，这种意识会越来越强。在他的潜意识中会认为，我不愿意做的事情为什么要让我去做，你为什么要抢我的东西。所以他们就会用挺直身体的方式来进行反抗，来告诉妈妈自己的不满。案例中的臭臭并不是脾气大，他只是在对于自己不喜欢做的事情表现得比较强烈而已，当宝宝出现这种行为的时候，妈妈不要采取强硬的措施，而是要先安慰宝宝，告诉他为什么要拿走手里的玩具，或者是为什么要洗澡，可以拿其他东西替代，也可以转移宝宝的注意力。但是妈妈需要注意的是有些反抗是不可以纵容的，比如，拿走痱子粉盒子时候的哭闹等，这种反抗妈妈就不能够纵容，否则会让宝宝形成用反抗的方式来获得东西的习惯。坏的习惯一旦形成很难改掉。

延伸阅读：

那么哪些反抗是可以纵容的呢？比如在把宝宝撒尿的时候，如果宝宝出现了反抗的行为，爸爸妈妈最好适当地缓一缓，不要强迫宝宝立刻尿尿。

给孩子把尿一直是个争论不休的问题。在我国的传统观念中，认为把尿可以为宝宝树立良好的习惯，随时把尿，就可以避免孩子尿裤子、尿床。老人们通常会认为经常带着尿不湿会影响到宝宝腿型的发育，对宝宝的生殖器官也有不利的影响。

西方家长则认为，尿尿应该是顺其自然的事情，孩子什么时候想尿就尿，家长们不应该强求。把尿会让孩子的括约肌扩张，严重的还会导致肛落。除此之外，把尿会让宝宝产生严重的反抗情绪，影响他们的心理发展。而且，在夜间把尿也会直接影响到宝宝的睡眠，进而影响到宝宝的生长发育。他们认为等到宝宝长大了再教他们如何如厕也是不晚的。

经常带着尿不湿，对于宝宝也有很大影响，会出现红屁股的现象。所以，定时把尿也是必要的。妈妈应该细心观察宝宝尿尿的习惯，减少他们的反抗情绪。比如有的宝宝想要尿尿的时候会特别安静，一动不动，眼圈也会轻微地泛红，坐着的时候小屁股还会轻微地抬起。出现这种情况，一般是尿尿了，刚开始父母可能并不知道，但是时间长了经验多了就知道怎么回事了。每当宝宝一动不动看着你的时候，就要把尿了，十有八九是奏效的。

如果宝宝在把尿的时候出现了挺直身体的反抗行为，妈妈最好先缓一缓。也许他真的不想尿，若强行把尿，长此以往会使其产生心理阴影，而且不会养成他们自主尿尿的习惯。比如电视剧《淘气爷孙》中的嘉乐，都已经上小学了，可还是需要大人吹口哨才能尿尿，要不然就尿不出来，憋得多难受也要有人吹口哨帮助才能撒出来，可见强迫把尿带来的危害有多大。

虽然适时把尿对宝宝有很大的帮助，但是也要注意把尿的时间，在宝宝6个月之前最好不要给宝宝把尿。因为那个年龄段的宝宝，脊柱、膀胱都还没有发育成熟，把尿的姿势会对其发育造成很大的影响。

双手张开，手指向前伸——表示想要和你一起玩游戏

🎵**宝妈**：我家宝宝5个多月了，睡醒觉的时候总是会对我微笑，微笑的同时还会向我伸出双手，我以为他要我抱抱，于是我就赶紧抱起他，在怀里的他却用手指着某个方向，好像要去哪里，真的让人摸不着头脑。

小提示：宝宝的这个手势是有着特殊意义的，他张开双手其实是想要和你一起做游戏。当宝宝睡醒之后，精神充沛之后就想要玩耍，这个时候妈妈不要急于把宝宝抱起来，可以先和宝宝玩一会儿，捏捏他的笑脸，摸摸他的小手，让他以为你在和他做游戏。这样不仅可以加深你们的亲子关系，还有助于宝宝身心的健康发展。

在多多4个多月的时候，长得很胖，或许因为胖，多多翻不过身来。但是总躺着，小家伙好像也非常的无聊，总是想方设法地想要动一动。可是无奈身体太胖了，总也翻不过去，在多多翻不过身体的时候，他就张开小手，双手不停地摆动，好像非常着急的样子，妈妈见状，就赶紧帮他翻身。翻过去的小家伙非常的高兴，当有了不同的视角之后，小家伙看什么

都新奇，小脑袋动来动去的，非常开心。

多多5个多月的时候，妈妈带多多去游泳馆游泳，阿姨把多多放在台子上准备给多多做游泳前的按摩。刚刚躺下的下家伙就不安分起来了，伸出两只小手不停地摆动，手指还指向前方。阿姨看到多多这个样子，就笑着说："小家伙是躺够了吗，来阿姨和你做个游戏吧。"说着就握住多多的双手，慢慢地让多多坐起来，妈妈在一旁说："这样会不会伤到胳膊呢？"阿姨笑着说："不会的，我并没有使多大劲，只是给了小家伙一个力点，让他自己起来。小家伙总是躺着也会觉得无趣的，你这样和他做做游戏，他会很高兴的。"果不其然，被阿姨"拽"起来的多多非常高兴，脸上露出了甜甜的笑容。小家伙好像没有玩够，做出想要躺下的动作。阿姨说："多多是不是还想玩一次啊，来阿姨把多多放下，咱们再来一次。"说着就把多多放平，这次阿姨伸出两个食指，让多多抓住，多多抓住手指自己坐了起来，坐起来的多多哈哈地笑着。阿姨说："多多玩得差不多了，我们该去游泳了。"说着就给多多套上了泳圈，放到了泳池里。阿姨对多多妈妈说："如果小家伙向你伸出双手，可能是无聊了，想要你陪他玩一会儿，你就可以和他做这个游戏。"多多的妈妈点了点头。

专家解读：

当宝宝长到四五个月的时候，他们就想要多活动，总是躺着也是非常无聊的。这个时候他们就想要身边的人能够和他们一起玩。于是他们就会张开双手，用这种方式来邀请身边的人和自己一起玩。

有的妈妈可能不知道宝宝的需求，当宝宝出现这个动作的时候，就会把他们抱起来，本来宝宝想要活动，你却将他抱起来，他当然不乐意了。

当宝宝哭闹的时候，很多妈妈会非常纳闷，为什么抱着你还要哭呢。其实，妈妈并不知道宝宝的情感需要。很多妈妈会认为四五个月的宝宝除了吃奶睡觉、拉屎尿尿、抱抱之外是不会有其他的情感需求的。其实，人是需要感情滋润的动物，对于宝宝来说更是如此。宝宝在很小的时候也会有情感上的需求，他们除了吃喝拉撒和身体上的接触之外，也是需要其他一些活动的，比如和爸爸妈妈一起做游戏。所以，当宝宝出现伸手的行为，妈妈不要着急去抱，而是要根据情况再做出相应的应对措施。

延伸阅读：

当宝宝长到3个月的时候，他们手部的活动就会明显增多。在这个时候，他们会把双手放到自己的眼前观察，也会将双手轻轻地握在一起，还会用手抓自己的脸玩，或者是用手揉眼睛，不经意间就会把自己脸上划出一道伤痕。因此，有的妈妈就会给宝宝戴上专用手套，防止他们抓伤自己。这种做法是非常不好的。因为宝宝在做动作的时候，其实是在做手部的练习，这样的动作会让宝宝的手指越来越灵活，如果长时间戴着手套，就会限制宝宝手部活动的发展，影响宝宝脑部的发育。除此之外，因为手套一般都是用松紧带固定，这样会阻止血液的流通，会给宝宝的身体健康发育带来影响。所以，妈妈要想避免宝宝划伤自己，最好的办法就是勤给宝宝剪指甲。

喜欢拍拍打打——寻找探索世界的方式

🎵 **宝妈**：我家宝宝快1岁了，总是喜欢拿着东西左敲敲，右敲敲，一边敲一边听，就好像是在演奏一曲伟大的作品一样。有的时候把他手里的东西拿走了，他就用自己的手拍。反正就是想尽各种办法去敲敲打打，这么淘气真的是拿他一点办法都没有。

小提示：其实，这并不是宝宝淘气，他只是在寻找探索世界的方式而已。这是宝宝成长过程中的必经阶段，妈妈们千万不要生气，也不要对宝宝进行指责，要充分配合宝宝，激发他们的探索能力。

在佳佳8个多月的时候，就喜欢用自己的小手拍各种东西，就是趴在妈妈的肚子上，小手也不闲着，一会儿轻轻地拍，一会儿又使劲地拍，就好像在拍鼓一样，而且是越拍越兴奋。把他的小手放在妈妈手上的时候，他也会拍妈妈的手，就好像在和妈妈做小手拍大手的游戏。

有一次，妈妈把他放在餐椅上，然后去给他弄青菜粥吃。坐在餐椅上的佳佳总是用小手拍打着餐椅上的餐盘，一边用手拍，一边蹬着小脚。妈妈看到佳佳这个样子，说："佳佳是不是着急了啊，妈妈正在做粥呢，妈妈先给你一块饼干吃好不好。"说着就给佳佳拿了一块饼干，可是饼干好像对佳佳并没有多大吸引力，他仍然沉浸在自己的拍打中。

专家解读：

在宝宝 8 个月左右的时候，他们会用自己的双手拍拍打打；等到 10 个月左右的时候，他们会将这种拍打变成拿着各种玩具进行敲敲打打；等到他们 1 周岁左右会行走的时候，他们就会拿着东西到处敲。比如，他们喜欢趴在爸爸或者是妈妈的肚子上拍拍打打；吃饭的时候喜欢用勺子敲打碗底；玩玩具的时候会用一个玩具敲打另一个玩具。家里的东西总是能够成为他们敲打的对象或者是敲打的工具，总是会制造出各种各样的声音。妈妈们也总是跟在他们的屁股后面对他们进行阻止，可是他们对此并不理会，仍然是想尽各种办法去敲打，经常惹得妈妈发火。

其实，当宝宝出现了这种敲打的行为，妈妈不用去费力阻止，家长们应该理解孩子。他们想要了解各种各样的物体、物体和物体之间的相互关系以及他的动作产生的各种不同的结果，所以他们就会用敲打不同的物体来解答自己的疑惑。在敲打的时候，他们知道可以产生不同的声音，用力的不同也会产生不同的效果。比如，用木块敲打桌子，就会发出"啪啪"的声音；敲打铁锅则会发出"铛铛"的声音；两个木块对着敲则会发出更加奇妙的声音。这些不同的声音，都会引起宝宝极大的好奇，在不断地敲打过程中，他们学会选择敲打物，学会控制敲打的力度。不知不觉中，你会发现他们身体的协调能力会越来越强。这一动作既满足了宝宝的好奇心，也激发了他们的探索能力，同时又让他们的协调能力得到发展，可以说是非常有益的一件事情，妈妈们不要为此再烦恼了。

延伸阅读：

当宝宝到了喜欢敲敲打打的阶段，他们的视觉和听觉都有了进一步的发育，他们也可以自如地爬行，很多宝宝也能站立一会儿，或者是已经开始学着走路，有的也可能已经学会走路了。这个时候家长们可以给宝宝提供一个安全的场所。让宝宝可以自由地坐、爬、扶、走。除此之外，这个阶段的宝宝能够模仿各种声音的玩具，所以妈妈们可以为宝宝准备一些移动时可以发出声音的玩具，或者是经过敲打能够发出声音的玩具。比如，跳跳面包、拨浪鼓、拖拉玩具等等。这样，既可以满足宝宝敲敲打打的愿望，也可以满足他们想要听到不同声音的愿望。

喜欢走高低不同的地方——行走敏感期的表现

宝妈： 我家宝宝最近刚刚学会走路，小家伙好像特别喜欢走路，但是小家伙却是不走寻常路，总是喜欢爬上爬下的，有的时候甚至还会爬到沙发的靠背上，想要在上面走，把我吓坏了，赶紧把她抱下来了。带她去外面的时候，她也专门挑那些不好走的地方，平平的路不走，非要走那些上坡下坡的地方，每次带她出去都非常担心，一点也不像小姑娘。刚会走路的孩子真的是分分钟钟令人担心啊。

（小提示）： 当宝宝学会走路，并且开始走不同寻常的路的时候，就说明宝宝已经进入了行走敏感期。每个宝宝都会出现这样的行为，和性别是没有任何关系的。所以，妈妈在确保宝宝安全的前提下，应该放手让宝宝去探索，让宝宝通过行走感知世界的奇妙。

蜜蜜 1 岁了，刚刚学会走路，在妈妈的眼里她是一个非常淘气的小姑娘，之前还没有学会走路的时候，就总是喜欢爬上爬下的。经常让妈妈提心吊胆的。学会了走路的蜜蜜就更加地肆无忌惮了，经常爬阳台、爬飘窗，妈妈就更加担心了，一刻都不敢离开她。

有一次，蜜蜜和朋友的孩子宁宁一起去小区的公园里玩，因为宁宁还太小，只能被妈妈抱着，蜜蜜则一个人走路。因为刚刚下过雨，路面上到处都是一洼一洼的积水，蜜蜜对这些积水产生了浓厚的兴趣，想要去踩，妈妈怕她把鞋子弄湿，就想要抱着她走。蜜蜜说什么也不让妈妈抱，非要自己走，她一会儿学着大人们躲避积水的样子，一会则直接踩在了水洼里。妈妈在一旁发愁地说："你的鞋子都湿了，可怎么办啊。"朋友在一旁说："没事的，让她玩吧，一会儿回家穿宁宁的衣服和鞋子就行。"蜜蜜听到阿姨这么说之后，玩得就更加兴奋了。她还拉着妈妈的手使劲在水里蹦，一边蹦一边开心地笑着。妈妈见她开心的样子，也就没有再说什么，任由她去玩了。

来到小区公园之后，蜜蜜并没有直接去玩滑梯什么的，而是对公园亭子周围的台阶产生了兴趣，在台阶上走来走去，上来下去的。因为亭子里有很多人上上下下的，妈妈怕那些人碰到蜜蜜，就对蜜蜜说："蜜蜜，我们去玩滑梯好不好，不要在这里了"。说着就抱起了蜜蜜。可是，蜜蜜好像并没有玩够，被妈妈抱起之后突然大哭起来。来到滑梯前，蜜蜜也不去玩，小手指着台阶的方向，好像在说："我要去台阶那玩，我要去台阶那玩。"见妈妈没有反应，蜜蜜就坐在了地上闹了起来。妈妈见状只好把她抱回了台阶那边。重新回到台阶旁边的蜜蜜开心地"走"了起来，一会儿上一会儿下，妈妈见她认真走台阶的样子，心里非常疑惑：这个孩子是怎么了呢，这么不老实，不是爬上爬下，就是走水洼处，现在又这么爱走台阶，这究竟是怎么回事呢？

专家解读：

当孩子进入行走敏感期的时候，几乎所有的家长都会察觉到孩子对于行走的热爱。他们喜欢不停地走，尤其是刚刚学会走路的孩子。他们不仅喜欢走，而且还总是喜欢和别人走不一样的路，总是喜欢登高爬下，走各种稀奇古怪的路，家长们对此感到非常的迷惑。认为走路就应该有个走路的样子，就应该好好走。

其实，孩子的走路和成人的走路是完全不同的。成人走路是为了目的而走，而孩子则是为了学习走路而走，他们想要体验不同的走路方式，从而得到不同的体验，体会到高低不同所带来的感受，而不是简单地从A点走到B点。

当宝宝学会走路之后，他们的世界就会发生很大的变化。当他们想要进行活动的时候，他们不需要依赖父母去完成了，也意味着他们的活动范围迅速地扩大。当孩子通过自己走路来拿到一个自己喜欢的东西的时候，这对于孩子来说是一个重大的突破。这意味着他们可以自行支配自己的活动了。所以，当宝宝出现了这种行为的时候，妈妈们不要去阻止，也不要

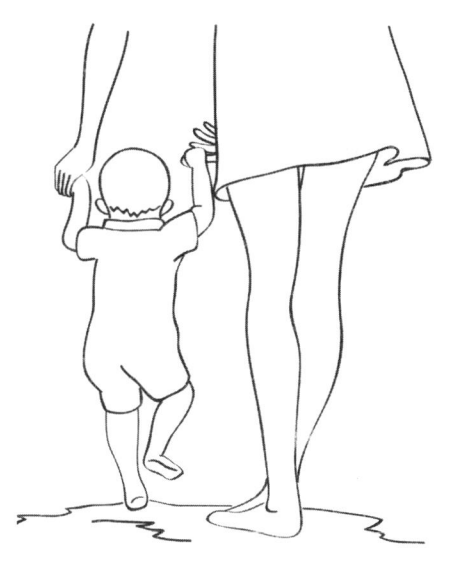

嫌麻烦，而是要耐心地陪宝宝"走"好这个阶段的路。

延伸阅读：

蒙特梭利说："行走是孩子的第二次诞生。孩子从出生开始，会经历抬头、坐起、爬行等这些过程。当他们通过自己的努力尝试着迈出自己的第一步的时候，就标志着他们的身体开始走向独立。当他们可以摆脱掉对爸爸妈妈的依赖，独立进行活动的时候，他们会非常惊喜，非常兴奋。当他们在行走的过程中发现了不同的视角，发现了不同的环境，为了想要更多，获得更多，他们会不停地走，会用各种方式走。在不断行走的过程中，宝宝会从一个不能自主的人，变成一个独立自主的人。看似淘气的过程，其实是他们努力的过程。"

行走敏感期对于孩子的成长是非常重要的，行走会让孩子获得强大的成就感，丰富宝宝的精神世界，让孩子获得自由，自行支配自己的活动，促进智力的发展。既然行走敏感期对宝宝有着重大的意义，那么妈妈应该如何帮助宝宝度过这个特殊时期呢？

1. 了解宝宝的兴趣点

处于行走敏感期的孩子会对各种奇怪的地方产生兴趣，比如水洼、上下坡这种地方。他们之所以会对这些地方产生兴趣，一个原因是他们想要对这些空间进行探索，另一方面则是想要培养双脚这个行走工具，逐渐增加双脚的行走能力。在这个过程中，宝宝会不断感知到脚的功能，会不断激发腿和脚的潜能。这个时候，妈妈就不要担心孩子会摔倒，衣服会弄脏等问题，你唯一要做的就是跟在孩子的后面，跟着他的脚步走，陪伴他更好地成长。

2. 不要厌烦

有的家长可能对孩子"发狂"般的走路，感到十分厌烦。因为，处在这个时期的孩子虽然学会了走路，但是还不平稳和熟练，仍然需要爸爸妈妈陪着他们走到他们想要去的地方，在后面扶起时不时就会摔倒的他们。

因为不停地走，不停地弯腰去扶摔倒在地的孩子，重复不断的过程会让家长们产生身体上的疲惫，进而产生厌烦的情绪，或是干脆将他们抱起来，不让他们走路了。如果父母这样做的话，就会延长孩子的行走敏感期，等到孩子 3～4 岁才出现行走敏感期的话，对于孩子的健康是非常不利的。而且孩子的行走敏感期过了 2 岁就会消失，到那个时候，他们就会对走失去兴趣，他们就会想尽各种办法让你抱，那个时候你就会为当初的各种阻止行为感到后悔了。

3. 让宝宝自行走路，不建议给宝宝用学步车

有的家长怕孩子在学习走路的时候摔倒，就会给孩子用学步车。学步车确实能够防止宝宝摔倒，可以让孩子减少摔倒的疼痛。医学研究证明，学步车不仅不能促进婴儿的运动发育，还与多方面的婴儿运动发育迟缓有关。使用学步车的时间每增加 24 小时，独自站立和行走的时间就会延迟 3 天多。学步车虽然可以减少宝宝摔倒的次数，却会让宝宝形成依赖的心理，不能够让宝宝快速地学会走路，延长宝宝学习走路的时间。因此，需要爸爸妈妈多一些耐心，少一点厌烦和忧虑，让宝宝走得越来越好，越来越远。

"童言妙语"中蕴含着大世界

当宝宝含含糊糊地喊出"妈妈"的时候,你是不是会很感动呢,甚至是落下幸福的眼泪。可是,随着孩子年龄的增长,当孩子的语言能力越来越强的时候,你就会遇到各种各样的问题。宝宝会追着你问"妈妈,我是从哪里来的";会跟小话痨似的跟在你的屁股后面不停地问"为什么";当他们不再追着你问题的时候,他们就开始自言自语,说着让你听不懂的话;他们还会向你撒谎,向你告状。总之,当宝宝会说话以后,妈妈们会被宝宝的"妙语连珠"所惊讶,也会被宝宝不停地说所烦恼,同样也会为宝宝各种各样说的现象所担心。宝宝会说话,同样是宝宝人生的重要阶段,在他们的"童言妙语"中也是蕴含着大世界的。爸爸妈妈们准备好去探索他们的世界了吗?

"妈妈，我是从哪里来的？"——疑惑的开始

宝妈：小的时候，孩子虽然很淘气，但是不会追着你的屁股后面问东问西的。有的时候孩子的问题，真不知应该怎么回答她们。最近我的女儿总是追着问我："妈妈，我是从哪里来的啊。"我之前就想到会有这一天，也想了好多答案，想随便编一个答案糊弄过去算了，但是想想现在的孩子都非常聪明，原原本本地把真实的情况告诉她又非常尴尬。面对孩子渴望答案的表情，真的不知道该如何回答是好了。

小提示：几乎每个孩子都会在他们刚刚懂事的时候，追着爸爸妈妈问这个问题——我是从哪里来的。当他们追着问父母这个问题的时候，会让父母非常的尴尬。因为孩子很小，很难明白是精子和卵子相结合之后才有了他。虽然尴尬，但是最好不要去"忽悠"孩子，因为这是孩子疑问的开始，爸爸妈妈一定要给孩子一个满意的答案。

洛洛3岁多的时候，有一天妈妈带她下楼去玩，她看到邻居家的小弟弟非常的可爱，两人玩耍的非常开心。回到家之后，洛洛就缠着妈妈说："妈妈，你送给我一个小弟弟好不好，这样他就可以和我一起玩了。"妈妈笑着说："小弟弟是买不来的，不是说送就能送的。"洛洛疑惑地说："那小弟弟是从哪里来的，小孩子不是买来的是从哪里来的呢？"妈妈一时不知怎么回答洛洛这个问题，就让她去问爸爸。

洛洛就去问爸爸说："爸爸，小弟弟是从哪里来的呢？"

爸爸笑着说："孩子是住在天堂的天使，鹳鸟把天使带到了人间。当天使来到了人间就变成了活泼可爱的小孩子啊。"洛洛接着问："那我也是小孩子，我也就是天使了。"爸爸刮了一下洛洛的鼻子说："当然了，我们洛洛是一位漂亮可爱的天使。"洛洛听完高兴地转起了圈圈。

可是孩子的好奇心总是活跃又有条理的。有一天洛洛突然问妈妈："妈妈，鹳鸟是怎么把小孩子带到人间来的呢？我从书上看到天使都是有翅膀的，为什么我没有翅膀呢？"这个时候爸爸妈妈觉得应该告诉洛洛"孩子"到底是怎么来的了。

妈妈对洛洛说："小孩子并不是鹳鸟带来的，小孩子也不是天使，小孩子是从妈妈的肚子里长出来的，就跟花从土地里长出来一样。刚开始的时候会很小，但是在爸爸妈妈的照顾下，他们会越长越大的。"

洛洛接着问："那他们是自己来的吗。"

妈妈说："是呀。"

洛洛："他们不会走路，是怎么来的啊？"

妈妈："他们是自己爬着来的。"

洛洛听得非常认真，对妈妈的解释没有任何怀疑。当和爸爸妈妈探讨完这个问题之后，洛洛非常安静，她看似明白了孩子到底是从哪里来的……

专家解读：

小孩子都是非常单纯的，当他们对世界的认识并不深的时候，他们是绝对相信爸爸妈妈的，这种信任甚至有些盲目。所以尽可能地不要欺骗他们！

小孩子的思维是奇妙的，有的时候根本没因果联系嘛。所以当他提出的问题在你看来超出其年龄范畴的时候，不要大惊小怪，不要高估，先从他的角度想一想，问问他为什么想到这个问题。其实人家的想法很天真纯洁的。

小孩的思维有时候也是非常有逻辑性的，所以爸爸妈妈千万不要低估自家的宝宝。在信息发达的时代，电视、互联网上关于性的知识太多了吧。当你还自以为我家宝贝对这方面根本没概念的时候，说不定已经给喜欢的小女生写纸条了，甚至是偷偷亲过人家的小嘴嘴啦。爸爸妈妈千万不要小看现在的孩子，他们的认知有时候超出你的想象。

延伸阅读：

有一次，上幼儿园的球球回家对妈妈说："妈妈，幸好我是一个男孩，要不然生孩子得多疼啊。妈妈我要谢谢你。"说完，就抱着妈妈亲了一口，然后就跑去看电视了，留下了一脸疑惑的妈妈。

在当今的社会中，人们非常重视孩子的性教育，当孩子问出"我是从哪里来的"这个问题的时候，爸爸妈妈就不要遮遮掩掩，用"垃圾堆里捡来的""充话费送的"这些话来搪塞孩子了，可是和孩子讲得过于直白，小孩子的理解能力也是有限的。那么爸爸妈妈应该如何回答好这个问题呢？

孩子提出此类问题，并不是想问有关"性"的问题，而只是对于自己不知道的事情感到好奇罢了。孩子这样的提问，和孩子问"那辆车怎么开得这么快？""那只蝴蝶叫什么名字？它的家在哪里？""小鸟为什么会飞？我也能飞吗？"等问题是一样的，只是想知道而已。在孩子的心里，不知道、不了解的东西太多了。他们会不断产生"为什么""怎么办"，他们有旺盛的求知欲，有敏锐的观察力，有丰富的想象力，对于周围的一切都想弄个明白，因此，他们的问题也就特别的多。

下面是有关专家给父母的指导，父母可用以下的语言回答孩子的提问。

每一个孩子都是在妈妈的肚子里长大的，都是妈妈生出来的。宝宝是由一粒种子慢慢发育长大的。植物的种子种在田里，宝宝的种子种在妈妈的肚子里。妈妈的肚子里有许多很小很小的像小球球一样的东西，叫卵子。爸爸的身体里有许多很小很小的像蝌蚪一样的东西，叫精子。爸爸和妈妈都喜欢有一个宝宝，就让精子和卵子结合在一起，成为了"种子"，这颗"种子"就是小宝宝。他"住"在妈妈肚子里一个叫子宫的地方，在里面慢慢长大。在长大的过程中，需要的营养就靠妈妈提供。妈妈要吃许多东西，然后通过脐带传送给在子宫里的宝宝。经过10个月的时间，宝宝慢慢长大了。

妈妈子宫里装不下了，宝宝就通过妈妈身体里一个连接外面的叫产道的通道"溜"出来了，世界上就又多了一个可爱的小生命了。小生命的到来，爸爸、妈妈和爷爷、奶奶、外公、外婆都非常高兴。

在回答孩子问题的过程中，有条件的话，可以找些图片让孩子看。如胎儿在妈妈子宫内成长发育的过程图，胎儿在子宫内的各种姿势，孩子会很感兴趣。孩子会兴奋地说："妈妈，在你肚子里时我是这样的""妈妈，看，那时的我还会游泳呢！"这样给孩子以科学的回答，让孩子知道，自己是从妈妈子宫里出来的，与妈妈有着血肉相连的亲情，而不是路上捡来的，让孩子感受到与父母亲的亲密关系，培养孩子对父母的热爱之情。

父母可以告诉孩子，一个新生命的诞生，经历了那么多的艰难，是多么不容易，从而自小就对孩子进行珍惜生命、热爱生活的教育。

十万个为什么——对世界进一步的探索

🎵 **宝妈：** 我家孩子最近就像小话痨似的，总是缠着你问东问西的，从冰箱里拿出一块豆腐之后，他会问你"这是什么"，当你回答完"是豆腐"后以为就结束了，可是并没有，他会给你丢过来"什么豆腐啊""豆腐是怎么做的啊""豆腐是谁做的啊""豆腐是哪个叔叔做的啊"等这一系列的问题。真的被他的问题烦死了。

小提示： 妈妈千万不要烦，当孩子追着你问个不停的时候，其实是他们对世界进行进一步探索的表现。虽然他们的问题总是天马行空，让你无从回答。即使是这样，也不要对孩子表现出厌烦的情绪。想想伟大的发明家爱迪生，小时候就总是问"为什么？"他打破砂锅问到底的行为得到了妈妈的肯定，这与他日后能够成为伟大的科学家有着很大的联系。所以，当妈妈们被孩子的问题烦得头疼的时候，想想爱迪生，你的怒火就会渐渐熄灭的。

琳琳4岁了，对什么都充满了好奇，总是会提出各种各样的问题。经常会追着爸爸妈妈问东问西的。

有一天，妈妈带她去公园玩，她对公园里的一切东西都感到非常的好奇。一路上左看看，右看看，非常的活泼。可是，没过一会儿，妈妈担心的事情发生了，琳琳开始问个不停了。

当琳琳看到一只蝴蝶之后，就问妈妈："妈妈，那是什么啊？"

"童言妙语"中蕴含着大世界

妈妈:"那是蝴蝶啊。"

琳琳:"蝴蝶为什么会飞啊?"

妈妈:"因为蝴蝶有翅膀啊。"

琳琳:"蝴蝶是从哪里来的呢?"

妈妈:"蝴蝶是由一只毛毛虫演变而来的。"

琳琳:"可是为什么还有毛毛虫啊?为什么不是所有的毛毛虫都能变成蝴蝶呢?"

妈妈:"毛毛虫变成蝴蝶,在身体周围会形成一层茧子,冲破那个茧子之后就变成了美丽的蝴蝶。"

琳琳:"为什么蝴蝶有翅膀,我没有翅膀呢?我也想要蝴蝶一样的翅膀。"

妈妈:"……"

见妈妈没有回答,琳琳又接着问:"妈妈,你快回答我啊,我怎样才能有一双漂亮的翅膀呢?"

妈妈:"因为蝴蝶是昆虫,我们是哺乳动物,哺乳动物是没有翅膀的。"

琳琳:"为什么哺乳动物没有翅膀呢?"

妈妈:"这是由生活环境决定的。"

琳琳:"我们不是都生活在一样的环境中吗?蓝天、白云、鲜花、绿草和大地啊。"

妈妈:"这个等到琳琳大了就知道了,妈妈要是都告诉琳琳了,琳琳的小脑袋里装太多东西是会累着的。而且,妈妈都告诉琳琳了,琳琳自己

就不会思考了,等到琳琳长大了自己去探索,自己去发现,这样做是不是更有意义呢?"

琳琳点了点头,就不再去追问了,妈妈趁机说:"天这么热,妈妈带你去吃冰淇淋好不好?"

琳琳:"天气为什么这么热呢?是不是太阳公公生病了啊?"

妈妈:"太阳公公发烧了,所以才会这么热的。"

琳琳还想问什么,妈妈说:"等到琳琳吃完冰淇淋我们再问好不好?"说着就拉着琳琳去吃冰淇淋了。

专家解读：

孩子开始问"为什么?"表明孩子开始关注除自我之外的事物,是孩子成长的一种表现。是孩子对世界进一步探索的表现。3~5岁的孩子逐渐摆脱对单纯生存的需要,开始注意到外界环境,这是孩子迈向世界的第一步,务必要非常重视。孩子提问是对周围世界的好奇,同时也是一种有益的探索,这个世界对于孩子就是一片未探索的地图,他开始想要了解出生地之外的样貌,也想要了解除父母自己之外的生物。这种探索本能地会出现在每一个适龄孩子的身上。如果父母不对孩子的提问做出适当的回答,会对孩子的成长造成很大影响。

如果爸爸妈妈的回答和处置方法得当的话,就会让孩子善于思考,勤于思考,主动思考;如果处理不当的话,就会让孩子不敢再提问,羞于提问,孩子会变得越来越内向,严重的还会导致自闭倾向。

所以,当孩子提出问题的时候,我们一定要采取正确的处理方法,让孩子的问题能够得到满意的结果。当孩子的问题得到反馈之后,不管回答的方法和质量如何,对孩子而言都是一种鼓励,当孩子再次提问的时候就会减少心中的顾虑,会更加积极主动地去提问。提问是小孩子思考的结果,比如案例中的琳琳提到的"太阳公公是不是生病了",虽然这看似荒唐的一句话，却透露出了小孩子的天性，他们用自己的想象去理解问题，从而发出提问。既是一种童真，也是智力发展的表现，这表明孩子学会了用比喻的方法来进行提问。当这样的问题得到回应之后，孩子就会更加善于思考，提出更多有趣的问题。所以，父母尽量要给孩子提出的问题一个正确的回应，不要粗暴地打断孩子或者是批评。

延伸阅读：

有的家长可能对孩子提出的任何问题都能回答，会对孩子的提问抱着一种知无不言言无不尽的态度去对待，这样对孩子的成长也是非常不利的。那么应该如何回答孩子提出的问题呢？

我们首先来看一个例子：在上课的时候学生经常会问的问题是："老师，这道题怎么做？"如果仔细观察的话，很少有老师会直接回答这个问题。他们通常先对学生进行引导，最终让学生自己得出答案。如果老师直接回答学生提出的问题，对于学生的帮助是非常小的。因为，这样会削弱学生主动思考的能力，减少学生自己探索的过程。

在现实生活中，爸爸妈妈虽然没有老师那么丰富的经验，但是他们却是孩子最好的老师。那么家长们应该怎么做呢？家长们可以调动孩子的主观能动性，利用孩子的好奇心，锻炼孩子的自主思考能力和探索能力。这里可以通过一个公式来了解孩子通过自主思考得到答案的重要性。

公式：孩子自己想到的＞孩子自己看书得到的＞孩子与小朋友探讨出来的＞父母直接回答的

因此，当孩子提出"为什么"的时候，父母不要直接回答，而是应该说："孩子你真棒，能够想到这个问题，妈妈想要知道你对这个问题有什么想法。"父母要对孩子的提问做出肯定和鼓励，然后再进一步询问孩子的看法。我们不一定要得到孩子的答案，而是要让孩子有一个自省的过程，让他们不是简单地提出问题，而是首先要对提出的问题有自己的看法。

当把问题又抛给孩子的时候，我们就可以引导孩子去查阅书籍或者是和其他的小朋友进行讨论，培养孩子阅读的能力和与他人沟通的能力等。

爸爸妈妈需要对孩子的问题做出正确的回应，但并不是说什么样的问题都要这样重视的，孩子的知识结构和眼光是有限的，很多问题并不具有长期参考的价值。对于孩子们提出的问题，家长们应该视情况而定，有的问题需要重视，而有的问题则不需要太重视。

当孩子提出以下问题时，就需要家长们重视。

（1）生活常识类问题：为什么要等红绿灯？为什么饭前要洗手？……通过解答问题让孩子懂得遵守规则的重要性。帮助孩子养成良好习惯。

（2）情感类问题：为什么妈妈哭了？……对孩子的人生观建设非常重要。

（3）科学知识类问题：为什么月亮会变化？……这类问题可建立孩子最初的科学态度，对待这样的问题家长也一定要有科学的态度，不能简单敷衍。

（4）个人的问题：为什么我不高呢？为什么我没有好看的衣服呢？……对孩子的价值观建设非常重要，务必给孩子积极向上、充满希望的回答。

总的来说，会影响到孩子人生观、价值观、世界观的问题都是必须要重视并认真思考再回答的。

如果孩子在学校中遇到问题，家长们可以请教老师，让专业人士给出专业的解决办法。

有的孩子可能在父母不去回答的时候，仍然会坚持不懈地追着父母问个不停，家长们应该如何应对这个问题呢？

不是所有问题都有价值，那么如何应对孩子的无理问题。这就需要家长的智慧了，转移话题，反客为主，围魏救赵，请熟读36计（孙子兵法），总会找到合适的解决办法的。

比如，什么是豆腐？就是早上吃的豆腐呀，那你喜欢吃什么菜呀？——转移话题。

什么是豆腐？一种可以吃的豆制品，不仅好吃，还很好玩呀，叔叔带你用头撞豆腐好不好？——继续转移。

什么是豆腐？这个就是豆腐啦，仔细观察一下，你看它是什么颜色的呀？摸摸看，有什么感觉？来写一篇《观豆腐有感》吧。

如果孩子们总是问个不停，家长们可以在尊重孩子的前提下转移孩子的注意力。如果孩子仍然打破砂锅问到底，父母应尽可能地在自己的知识体系范围内给孩子做出清楚的解释。另外问上一句"刚才的意思明白了吗？""你给妈妈/爸爸解释一下好不好"以保证孩子在认真倾听，并能有一些自己的理解，这已经是传道授业的范畴了。

自言自语——外在语言向内心语言的延伸

宝妈：我家宝宝3岁多了，经常喜欢自言自语。游戏的时候，经常会扮演各种不同的角色，一会儿和这个角色对话，一会儿和那个角色对话，就好像在和这些"小伙伴"一起玩耍似的。他是不是精神上出了问题，或是因为一个人太孤独了呢？

（小提示：）这并不是孩子精神出了问题，而是孩子从外部语言向内部语言的一种过渡。也就是说他们可以和自己对话了，他们内心会思考，他们将内心形成的语言通过自言自语的形式说出来。是成长发育过程中的正常现象，并没有想象中那么恐怖，爸爸妈妈们不需太多担心。

妞妞3岁多了，是个活泼开朗的小姑娘，可是最近妞妞的表现却让妈妈十分担心，最近的妞妞好像不再热衷于和小朋友做游戏，反而是喜欢上了"一个人的游戏"。

有一天，妈妈带妞妞去公园玩，公园里有好多人，也有好多小朋友，他们在一起快乐地玩耍，一起跑，一起跳，玩得非常高兴。妈妈对妞妞说："妞妞和小朋友们一起玩吧。"妞妞听了妈妈的话加入到小朋友的队伍中，妞妞和小朋友玩了一会儿老鹰捉小鸡的游戏，妞妞充当鸡妈妈的身份，妞妞和小朋友们玩得不亦乐乎。没过多久，妞妞似乎就对这个游戏失去了兴趣，反而是对公园地上的石头产生了兴趣。她脱离队伍，一个人跑开去玩石头了。她开始捡起石头，捡起一个扔掉一个，再捡起一个再扔掉一个，好像这个游戏比老鹰捉小鸡的游戏有趣多了。在扔石头的时候好像还说着什么，妈妈见状走过去对妞妞说："妞妞怎么不和小朋友一起玩了，妞妞在和石头说些什么啊，能和妈妈说说吗？"可是妞妞并没有理会妈妈，仍然是一个人专心致志地玩着石头，妈妈见妞妞没有说话，也就没有再打扰她，而是站在离妞妞不远的地方，仔细地听着。她轻轻地抚摸着石头说："倩倩，你怎么这么可爱呢，你笑起来的样子真的好可爱。哎呀，妞妞怎么又哭了呢，倩倩自己玩一会儿，姐姐去看妞妞怎么了。"于是就放下手中的石头，转身拿起身边的另一块石头，妞妞对着手里的石头说："妞妞你怎么了啊，怎么不高兴了，是不是看姐姐抱着倩倩你不高兴了啊，姐姐现在抱妞妞，妞妞不要哭了好不好。"说着还用自己的手摸了摸小石头，就好像在安慰它一样。妈妈这个时候放心了，原来是妞妞将这些石头当成了弟弟妹妹，把自己当成了照顾他们的姐姐。妈妈看到妞妞玩得正高兴，也就没有上前去打扰她，而是在一旁默默地观察着妞妞。

接下来，妞妞努力将这些石头排成一队，可是这些"小家伙"似乎太

"童言妙语"中蕴含着大世界

顽皮了，总是在要成功的时候，哗啦一下就全倒了，妥妥生气地说："小家伙们，你们怎么这么不听话，你们只有排成一队，手拉手一起走，我们才能一起出去玩啊。"说着又想将它们排成一队，可是仍然没有成功。这个时候妥妥说："既然你们不愿意，那么就随你们去吧，你们愿意怎么玩就怎么玩吧。"这时的妥妥好像对这些顽皮的"小家伙"失去了耐心，就跑过去找妈妈了。

妈妈见妥妥走了过来，将妥妥揽在了自己的怀里，轻轻地对妥妥说："不和小石头们玩游戏了啊，当姐姐的感觉怎么样啊？"妥妥嘟着小嘴说："他们太不听话了，照顾他们太累了。妈妈我饿了，我们回家吧。"说着就拉着妈妈的手回家了。

在回家路上，妈妈的心里多了一个疑问：为什么妥妥会出现这样的现象呢？要不要带妥妥去看医生呢？

专家解读：

妈妈出现顾虑是正常的，当孩子出现这种行为的时候，妈妈经常会觉得孩子的精神出了问题，但是如果孩子没有其他病态的症状，妈妈是不需要太多担心的。

孩子在1~3岁的时候，是以学习外部语言为主的，等他们到了4~6岁的时候，他们的内部语言逐渐形成。当他们出现自言自语的行为时，就是外部语言向内部语言的一种过渡。6岁以下的小孩在发育的过程中，语言动作调节功能发展还不完善，心智非常不成熟，再加上沟通交流的

对象很少，所以他们经常会把身边的石头、宠物、玩具等这些东西当成玩伴，经常会和它们一起做游戏，经常会自己扮演各种角色。于是就出现了自言自语的行为，是孩子在发育过程中的一种正常现象，在心理学上被称为独白。

这种现象经常会出现在孩子做游戏的过程中。比如，当孩子在画画的时候，经常会嘀咕："这是山，山前有个屋子，屋前有条小河，到了冬天，小河就会结冰，小朋友就会在上面滑冰，他们从这里滑到那里，非常的开心……"这样的自言自语通常会在他们将画画完的时候结束。这是孩子的一种语言游戏，是孩子在游戏过程中增添乐趣的一种方式。试想一下，单纯地画画是非常无聊的，这样自言自语不仅可以开发思维，还可以让过程变得更加有趣。除此之外，当孩子遇到困难的时候，也会出现这种独白。比如，他们在玩积木的时候，就会说"这个放在这里对不对""那个应该放在哪里呢""换个地方试试""哦，这样就对了""我真是太聪明了啊"。孩子的这些语言有时候会非常的零碎，有时候甚至让人摸不着头脑，但却是孩子想办法的一种方式，是孩子在不断开发思维的过程。通常情况下，孩子会在自言自语的过程中找到解决问题的办法。

孩子的自言自语，是孩子活动的一部分，同时它也伴随并且加速了孩子的活动。孩子的自言自语其实是孩子自我调节的过程。它不仅能够调节孩子的行为，也能够帮助孩子摆脱孤独的困扰。除此之外，它还有助于孩子的语言发展，增加孩子的语言组织能力。因此，当孩子出现自言自语的行为的时候，家长们不需要担心，也不需要阻止，而是要配合孩子演好这场"戏"。

延伸阅读：

有的家长会问，既然是孩子的正常发育现象，那么是不是不需要进行任何的引导，让其自由的发展呢？

其实不是的，自言自语是存在一定规律的，也是需要家长们进行正确引导的，如果家长们没有给出一个正确的引导，就会打破孩子的发展规律，影响孩子的发展。

1. 自言自语的规律

2~3岁是宝宝语言的发展关键阶段，也是从外部语言向内部语言过渡的关键阶段，而自言自语则是宝宝从外部语言向内部语言转换的一种表现。在宝宝2~3岁的时候，宝宝能够形成具体的思维，这个时候他们需要用具体的语言来帮助自己思考，并且慢慢将思路理顺清楚，也就出现了"自言自语"的现象。它是宝宝思维的方式，也是宝宝思维的有声表现。通常情况下，宝宝的自言自语会在3岁以后达到高峰期，在8~9岁的时候会完全消失。

心理学研究表明：宝宝的自言自语其实是一种创造性的说话游戏，这类游戏是宝宝发展语言能力的主要途径。宝宝自言自语时往往会把自己想象成某种角色然后按照这个角色的行为说话。比如，宝宝在玩玩具熊的过程中，就会把自己想象成是玩具熊的妈妈或者是小伙伴，然后和玩具熊说个不停。在这个过程中，他们对玩具说的话有可能是爸爸妈妈平时对他们说的话，也有可能是自己在故事中看到的，或者是自己创造出来的话。所以，自言自语对宝宝来说是非常重要的，这是语言表达的综合结果。

2. 家长的正确做法

当宝宝出现了自言自语的行为，家长们应该如何做，才能让其发挥出正确的作用，给孩子积极的影响。

（1）收起多余的担心和怀疑，认真倾听宝宝的自言自语。

对于宝宝的自言自语，很多家长都不会过分地干预，基本上是置之不理。其实，如果家长能够细心观察，专心倾听孩子的自言自语，走进宝宝的内心，这是了解宝宝最简单直接的手段。作为一个有心的家长，从宝宝的一举一动中可以得到很多信息。家长可以从宝宝自言自语的内容了解宝宝现在的发展情况，发现宝宝现在可能存在的困难，或者了解宝宝的喜好，最近喜欢什么等。家长还可以偶尔用言语给宝宝一些提示，便于他丰富自己的口语，用来指导宝宝行动。

（2）给宝宝创设独处的时间和环境。

现在很多家庭都是一个宝宝，家长对宝宝呵护备至，尽心尽力担任全勤的爸妈，怕孩子会受伤于是时刻在宝宝身边看护着，怕他会孤独就一直陪他玩，又或者想要宝宝变得更聪明于是利用好每次的机会给宝宝"早教"。

其实爸爸妈妈们可以适当地放手，给宝宝自由发展的空间，适当地给孩子独处的时间。学习需要思考、沉淀的时间。如果家长将宝宝的时间安排得满满的，不但家长自己很累，宝宝也没有时间"安静"下来。所以，家长可以在保证环境舒适安全的情况下，每天给宝宝一些私人时间和空间。也可在不远处忙自己的事，不要过度去关注他，让他自己玩玩具，自己去思考，做自己喜欢的事情。如果宝宝在那里自言自语，自娱自乐玩得不亦乐乎，家长就不要轻易地去打扰他了！

（3）引导宝宝积极思考。

自言自语是宝宝的思维方式，也是他思维的有声表现。宝宝的自言自语现象是他们社会经历积累的体现。国外学者发现，最富社会性的孩子自言自语最多，聪明的孩子在独立解决问题时比其他孩子更早出现自言自语现象。

因此，家长可以积极地引导宝宝思考，平时多和宝宝聊天，随时随地教宝宝一些常识：这是什么，那是什么，干什么用的。这些能够给你宝宝的自言自语提供思考的素材。

爸爸妈妈也可以适当地问一些简单的问题，让他尝试自己思考并做出回答，家长不必执着于答案是否正确，应该鼓励孩子要发散思维，创新思考，没有所谓的正确和错误之分，只要宝宝言之有理则可。当孩子能独立战胜困难时，还要给予鼓励，这样才能使他们更好地向内部语言发展，为学会独立思维创设更有利的条件。

（4）让孩子讲故事。

讲故事可以增强宝宝思维的连贯性和逻辑性，也是家长训练宝宝语言的好途径。在宝宝年纪比较小的时候，妈妈可以每天晚上在睡前给宝宝讲故事，这种故事、素材的积累一方面能够让宝宝不断地观察学习，积累词汇句子和根据情景去学习表达情感；另一方面使宝宝扩大眼界、增长知识，孩子说起话来自然就会"言之有物"。等宝宝年龄稍大一点，就可以鼓励宝宝给爸爸妈妈讲故事，复述幼儿园老师讲的"白雪公主"故事，或者前几天晚上妈妈讲过的那个"小红帽"故事。然后妈妈让宝宝谈谈自己的想法，也可以请他来给故事设计不同的结局。或者让宝宝发挥想象力，去编织一些小故事来与其他小朋友分享或者讲给宝宝心爱的娃娃听。

（5）鼓励宝宝与他人交往。

宝宝有时会"假想"有一个小伙伴，他的自言自语就是对这个小伙伴在说话。当孩子有过多的这种表现时，父母不要排斥或是嘲笑，也不用太过于关注这个"假想"朋友。

如果你怕宝宝会感到孤独，那么鼓励家长可以让宝宝多接触身边的人和物，给他创造更多与小朋友见面、交往的机会等，扩大宝宝的交往圈子，让他体会到交往的乐趣，形成积极主动的交往态度。

另外，家长可以给宝宝创设一些语言学习的场景，做一些角色扮演的游戏，让宝宝学会"对什么人，应该说什么话？"，类似这样的游戏，能够让孩子在游戏中培养运用口语进行连贯讲述的能力，提高孩子即兴说话的能力，同时也能够提高宝宝的社会交往能力，增强宝宝的自信心。

正确看待宝宝的"说谎"行为

♪ **宝妈**：最近我家宝宝特别喜欢说谎，就像是"狼来了"中的小男孩一样，大家都说爱说谎的孩子不是好孩子，但是如果每次都当着孩子的面揭穿他，是不是也应该考虑到孩子的感受呢；如果不去揭穿他，对于他以后的行为习惯是不是又会产生很严重的影响呢？那么在面对孩子说谎时应该怎么办呢？

小提示：很多家长都会遇到这样的情况，当他们面对孩子的说谎行为时总是会有各种担心，他们会担心孩子学坏，会担心说谎给孩子以后的人生造成不好的影响。很多家长都会认为说谎的孩子就是一个坏孩子。其实，说谎并不意味着孩子是一个坏孩子，不能够对说谎的孩子一概而论，孩子说谎是一种本能，家长们应该正确看待孩子的说谎行为。

小河马3岁多了，刚刚上幼儿园，在幼儿园中乖巧听话，喜欢和小朋友一起玩，是老师和小朋友眼中的"乖乖孩"。离开幼儿园的小河马也是十分听妈妈的话，有礼貌，是妈妈眼中的"骄傲"。可是，最近小河马的行为却引起了妈妈的担心，也让他在妈妈心中的形象大打折扣。

有一天晚上，小河马想要玩iPad游戏，就对妈妈说："妈妈，我想玩iPad。"

妈妈说："你去问问爸爸，如果他同意了你就可以玩了。"

于是小河马就跑到了书房里去找爸爸，撒娇地对爸爸说："爸爸，我

"童言妙语"中蕴含着大世界

可以玩 iPad 吗？"

爸爸非常干脆地说了一句："不可以。"

由于书房就在妈妈的隔壁，妈妈也很清楚地听到了爸爸的回答。

小河马非常失望，噘着小嘴走了。

可是接下来的事情却让妈妈出乎意料，一向乖巧懂事的小河马竟然笑着对妈妈说："爸爸说，可以让我玩一会儿。"由于妈妈没有当面听到爸爸说，也就没有揭穿小河马的说谎行为，就拿出 iPad 让小河马玩了起来。小河马拿到 iPad 之后，朝妈妈眨了眨眼睛，然后就高兴地去玩了。

除此之外，妈妈还发现了小河马的其他说谎行为。

有一天，妈妈接小河马回家，和往常一样问小河马在幼儿园里有什么不高兴的事和不愉快的事。小河马突然很委屈地说："王浩宇这几天总是欺负我。"妈妈感到非常吃惊，就接着说："你和王浩宇不是最好的朋友吗？他怎么会欺负你呢，他是怎么欺负你的呢？"

小河马更加委屈了，用哭腔说："他说他不喜欢我，他不和我做朋友了，有的时候还会用拳头打我。我真的很害怕。"

妈妈听到之后信以为真，就对小河马说："小河马不要害怕，妈妈明天找老师把这件事情说清楚，让他不许欺负你了，你们还做好朋友好不好。"小河马使劲地点了点头。

第二天，妈妈去幼儿园找到小河马的老师了解情况，幼儿园的老师却说，王浩宇已经半个多月没来上学了，他现在在南方老家，怎么可能欺负小河马呢。妈妈听到老师这么说，就开始疑惑了，小河马本来是一个乖巧的孩子，怎么最近这么爱说谎话了呢？这样下去，他是不是会变成一个坏孩子呢？

专家解读：

研究表明，说谎是孩子的成长过程中一个必经阶段，是智力和大脑发育的一个标志性的进步，当孩子出现了说谎的行为，就说明孩子的大脑发育得非常健康，说明孩子是一个聪明的孩子。德国教育学家施鲁克教授说："孩子第一次的说假话是他成长过程中的一个重大进步，孩子说谎标志他有了想象力、开创性的行为，并开始与周围的环境打交道。"

研究还发现，3岁以下的幼儿说谎话是一种非常正常的现象，这个时候的孩子会认为说谎话也是在说实话。因为这个时期的宝宝想象力丰富，经常会说出一些违背事实的话，家长们不必大惊小怪，但要引起注意，并给予纠正。

3～4岁的孩子在说谎的时候会不假思索地脱口而出，经常会讲出一些不符合实际的话。在这个阶段，如果宝宝出现了说谎的行为，是需要家长们特别关注的。如果发现了宝宝说真正意义上的假话，需要家长们进行及时正确的引导。如果家长们处理不当的话，就会给孩子提供继续说谎话的机会，长此以往会造成不良的影响。这一时期是防止宝宝说谎的关键时期。

4～6岁的时候孩子因为害怕受到家长的惩罚或者是批评才会说谎，谎话就会成为他们的保护伞。在这个时期，父母发现孩子出现了说谎的行为，尽量不要对宝宝发火，而是应该利用这个机会和你的孩子一起讨论说谎的行为以及说谎造成的后果。这样可以帮助孩子辨别想象和真实之间的区别，养成说实话的好习惯，这对于宝宝以后的成长至关重要。

在孩子的世界当中，经常会混淆想象和现实世界，在他们的脑海中经常会产生很多非常生动、逼真的画面，于是他们就会把这些想象当成是真实存在的，把它当成一个美好的愿望，当他们把这个美好的愿望说出来的时候，就出现了说谎的行为。比如，一个孩子想要一个玩具，可是他的妈妈并没有满足他的要求，但是当别的小朋友拥有了这件玩具的时候，他们就会幻想自己也有这样的玩具，他们就会对其他人说："妈妈也给我买了这样的玩具，它真的很好玩。"

有的时候，孩子因记忆有误或者是语言表达不准确，他们经历过的事情不能够完全想清楚，也会导致说谎的行为出现。比如，一个5岁的孩子突然对幼儿园的老师说："老师你再跟我玩一会儿吧，我明天就要回老家了。"当老师问到孩子的父母的时候，其实是根本没有这回事的，父母只是向孩子说过放寒假后会回老家看看，并不是说明天就要走。这就是因为孩子的记忆出现的错位而导致的说谎行为。

延伸阅读：

撒谎虽然是孩子成长过程中的正常现象，但毕竟撒谎是一种不好的行为，撒谎是有"好的撒谎"和"坏的撒谎"之分的，那么家长应该如何区分孩子的说谎行为呢？

什么是"好的撒谎"行为？

1. 为了保护自己而说出的谎话

当一个孩子用谎话对付了坏人，我们就会对这个孩子贴上"聪明、机智"的标签。这样的谎话既可以让孩子躲避困难，又可以让孩子更好地开发思维，在遇到困难的时候能够从容不迫。当孩子一个人在家的时候，有陌生人来敲门，孩子直接去开门，对于孩子来说是非常危险的。这个时候如果孩子假装喊道："爸爸，有人敲门。"那么，就会让孩子成功地躲避危险。这样的"谎言"是值得提倡的。

2. 为了帮助别人说出的"善意谎言"

如果孩子是为了帮助某个人而说谎的话，我们就会说他是一个聪明、懂事的孩子。就像我们为了缓解病人的情绪对其隐瞒真实病情；为了避免朋友的尴尬，帮助他们遮掩失误一样。小孩子同样也会为了帮助别人而撒谎的。比如，一对小姐妹，姐姐在看到妹妹每次都争着吃红丸子的时候，就谎称说自己喜欢吃白丸子，而妹妹看到姐姐每次都吃白丸子，就说自己喜欢吃红丸子，把白丸子都让给了姐姐，其实她们姐妹俩正好是相反的。这样的谎话总是充满爱意的，透露出孩子的乖巧懂事，积极为他人着想的品质。

什么是"坏的撒谎"行为?

1. 对老师和父母撒谎

大多数的学生经常会因为作业没有写,就对老师编织各种谎言,像什么"作业忘家里了"等这些谎话;当自己没有考好的时候,就会对家长说谎,甚至是改分数。这些谎话都是非常严重的谎话。当孩子说了这些谎话的时候,家长和老师应及时了解孩子的状况,帮助和解决孩子出现的问题。如果不及时阻止的话,会让孩子养成说谎话的习惯,在以后的生活中会通过谎话的形式来逃避应有的责任,对于孩子来说是非常不利的。

2. 惹麻烦的时候撒谎

小孩子是非常好动的,因为他们的好动也经常会惹出各种各样的麻烦,比如在踢皮球的时候将邻居家的窗户砸碎,或者是在教室里打闹的时候将公共物品损坏,又或者是不小心将家里的贵重东西弄坏。为了逃避老师和家长的责罚,为了逃避责任,就会撒谎说是别人干的。这样的说谎行为应该进行坚决的批评教育。

所以,父母应该及时区分孩子的各种撒谎行为,积极引导"好的撒谎",减少和杜绝"坏的撒谎"行为的产生。那么,父母应该怎么做呢?

1. 不给孩子贴上"爱撒谎"的标签

聪明的父母是不会当着孩子的面揭穿孩子的说谎行为的,因为那样会伤害到孩子的自尊心,严重的还会形成孩子的逆反心理。所以,当孩子出现说谎行为的时候,家长们可以和孩子"斗智斗勇",让孩子明白家长们并不是那么"好骗"的,而不是直接去谴责孩子,去评价孩子的人品。当孩子知道爸爸妈妈没有那么"好骗"的话,他们也许会迎难而上,不断开发自己的思维,但多数孩子会知难而退。在这个过程中,会锻炼孩子的思考能力,也会让孩子明白谎言终究是谎言,最终会有被揭穿的那一天。

2. 多和孩子沟通交流,了解孩子的想法

如果孩子因为知道某件事情会发生不好的结果,用说谎的行为来避免这种情况发生的时候，家长们最好应该了解清楚情况，知道孩子说谎的原因。这就需要家长多和孩子沟通，了解他们内心的真实想法，这样才能够更好地帮助他们解决问题，才会避免孩子出现说谎的行为。

3. 不要将说谎和品质有问题相提并论

有的时候孩子说谎可能事出有因。所以，当孩子出现说谎行为的时候，家长们千万不要就此给孩子贴上"骗子"的标签，就此给孩子的品质贴上标签。这样会给孩子的心理带来阴影，可能会加重孩子的说谎行为，导致孩子真正出现品质问题。

4. 增加孩子的信心

在孩子做错事情的时候，他可能会预判"说实话"带来的后果，如果超出了自己的承受范围，他们就会用谎话来逃避责任。这是因为孩子缺乏勇于承担责任的信心。所以，家长们平时应该鼓励孩子，告诉他们："做错了事情就要勇于承担迅速改正。爸爸妈妈会永远在身后支持你的。"这样就会增强孩子的信心，增强孩子的安全感。当他们犯错误的时候就不会选择逃避，而是勇敢地去承担。

当你给予孩子足够的安全感，足够的信心，也就减少了他们说谎的几率。

总是说"不"——反抗期的开始

🎵 **宝妈**：我家宝宝一向是"言听计从"的，我说什么他就做什么，可是最近好像换了一个人似的，总是喜欢和我对着干。小时候让他在朋友面前唱歌，他就乖乖地唱了起来，可是最近再让他唱歌，却总是拒绝我，让我非常的没面子。孩子越长大就越不听话了啊。

(小提示)：其实不是孩子不听话了，而是到了第一个反抗期。这个时期的孩子自我意识越来越强，他们会知道害羞，会不好意思，对于他们不喜欢的行为，他们就会勇敢地说出"不"。

糖豆3岁之前特别听话，妈妈让他干什么他就干什么。

时间转眼过了3年，糖豆已经6岁了，这个时候的糖豆开始有了自己的主意，不再那么听话了，也不再是妈妈让干什么就干什么了。

有一次，糖豆的姑姑来到家里做客，亲眼见证了糖豆的变化。当姑姑看到糖豆的一只毛绒玩具狗的时候，就对糖豆说："糖豆，这只毛绒玩具狗借姑姑玩一会儿好不好，姑姑也很喜欢它。"说着就拿起了那只狗，可是刚拿到手，糖豆就一把抢了过去，很不乐意地说："这是我的玩具，我不让姑姑玩。"姑姑见到糖豆这样，非常的惊讶，之前的糖豆那么听话，现在是怎么了。糖豆的妈妈说："现在的糖豆进入了反抗期，总是喜欢说不。连我也没有办法了。"

到了吃饭的时间，妈妈就叫糖豆说："糖豆，赶快过来吃饭了。"糖豆虽然嘴上"嗯"了一声，可是身体并没有动。妈妈又说了一句："糖豆，赶快来吃饭了。"糖豆说："我不要吃饭，我要等把电视看完再吃饭。"在妈妈催促了好几遍之后，糖豆才不情愿地过来吃饭。

吃完饭之后，爸爸对糖豆说："糖豆，给姑姑表演一个跆拳道吧，你最近不是刚刚学习了一个新的跆拳道动作吗？"糖豆摇了摇头说："我不要表演。"姑姑接着说："姑姑好想看，糖豆给姑姑表演一个好不好？"糖豆仍然拒绝了。妈妈也附和着说："糖豆，给姑姑表演一个呗，糖豆跳得那么好。"这个时候糖豆突然说了一句："演什么演啊，我就不要演。"所有的人都被糖豆的这句话惊呆了。

"童言妙语"中蕴含着大世界

专家解读:

很多宝宝都会出现糖豆这样的行为,他们是别人眼中温顺乖巧的孩子,总是受到人们的喜欢。可是当他们出现叛逆的行为的时候,开始不听父母的话,和父母顶嘴,总是和父母对着干的时候,爸爸妈妈就会感觉他们不听话了,认为他们变坏了,会非常不接受孩子的这种变化。

其实,孩子并不是变得不听话,而是到了反抗期,是孩子心理成长过程中的一个必经阶段。在孩子长到3周岁之后,因为活动量的增加,见识越来越多,学习到的东西越来越多,他们的自我意识就会越来越强,也就会表现出更强大的自主选择权利。这个时候,他们就会对成人做出的安排表示反抗,他们开始喜欢自己安排事情,不希望别人来插手自己的事情。

孩子的这些行为表现,是他们认识自我、独立性开始萌芽,生理、心理发展的正常表现,我们把孩子在2～5岁时集中出现的叛逆行为称为"第一反抗期"。

延伸阅读:

孩子和家长们唱反调并不是什么大毛病,也不是什么坏毛病,家长们在孩子出现叛逆行为的时候,不应该总是说孩子不懂事,不听话。孩子不可能总是听话的,当他出现了自我意识的时候,他们就开始反抗,要知道孩子的反抗并不是什么反叛,只是他们自我表现的一种方式。家长们不要因为孩子不听自己的话,一直埋怨孩子。家长们应该做的是帮助孩子顺利度过这个阶段。

那么,家长们应该如何帮助孩子顺利度过第一个反抗期呢?

1. 理解、尊重孩子

有的家长总是把孩子作为自己的私有财产,认为孩子就是要听自己的话。或者是把孩子当成实现自己梦想的替身,会把自己的愿望强加给孩子，企图让孩子按照自己安排好的生活模式生活。但是，这样就会剥夺孩子自主选择的权利，会使孩子失去自我意识，容易让孩子形成缺乏主见、唯唯诺诺的性格，这对于孩子的成长是非常不利的。所以，家长们应该给孩子一定的自主空间，要理解和尊重孩子，让孩子按照自己的意愿去生活和解决问题。如果孩子的选择是偏离轨道的，家长们只需要对其纠正就可以了，不要对孩子的行为强加干涉。

2. 正确处理孩子出现的抵触情绪

如果孩子出现了抵触的情绪，家长们不要采取强硬的方式来对待孩子，而是应该通过软处理、冷处理的方式来解决问题，避免矛盾激化。给双方一个反思、冷静和缓解的空间。等到双方都冷静下来的时候，再去解决问题，这样做问题往往可以得到更有效的解决。

3. 营造一个平等和谐的家庭氛围

父母应该对孩子做出的决定表示出充分的信任和肯定，和孩子建立一个良好的关系，不要总是在孩子面前做出一副高高在上的样子，要营造一个良好平等和谐的家庭氛围，而不是一人独大的局面。这样，孩子就会愿意和你交流，就会愿意将心中的想法对你说出来，这样你也可以了解到孩子内心的真实想法，会让你和孩子之间的距离越来越小，你也会成为孩子的知心朋友。比如有关家庭的计划、活动、安排都可以让孩子参与进来，给予孩子充分的决策权、发言权，听听孩子的想法，让孩子真正享有"主人翁"的权利，以此来提高孩子的积极性，同时还会加深孩子对父母的爱，减少抵触情绪。

4. 保护孩子的表现欲望

有的时候孩子经常热衷于帮助父母做一些事情，这样会让他们觉得十分光荣。所以，爸爸妈妈应该及时支持孩子的这种积极表现，不要认为孩子在瞎捣乱或者是添麻烦。就算是孩子做错了或者是哪里做得不好，也应该冷静下来和孩子一起分析做错的原因以及解决的办法，避免错误的再次发生。

5. 不要在孩子遇到挫折的时候刺激他们

在孩子受到挫折、心情不愉快或者是受到委屈、遭遇到冷遇的时候，家长不要冷言相对，最好是多给孩子一些鼓励和指导，给予他们一些温暖。这样也会在一定程度上减少孩子的反抗心理。

6. 给孩子设定合理的限制

孩子的反抗期并不意味着对孩子不需要任何限制，家长们应该根据孩子的年龄做出相应的限制，并且坚持下去。在制定规则之前，多与孩子沟通，和他们讲明道理，要让孩子从思想上真正地接受这些规则。这样可以使孩子自觉遵守这些规则，减少抵触情绪的发生。除此之外，还可以培养孩子的自制能力和自我控制能力，为孩子以后的学习和生活打下良好的基础。

爱告状——依赖心理的表现

宝妈：最近我的女儿不知道怎么回事，无论大事小事经常告状。每天放学见到我的时候不是与你分享学校的快乐事情，总是爱告状：不是今天小强推了她一把，就是昨天格格拿了她的铅笔。告完状后还常常委屈地大哭。如果爸爸没有答应她的要求，她就会噘着小嘴向我告状；如果我没有答应，她就会去爸爸那告状。真不知道孩子为什么这么喜欢告状。她这么爱告状是不是别的小朋友就不喜欢他了啊？如果不让她告状，又担心她受了欺负不和我说。到底该怎么办呢？

小提示：其实，这是孩子的一种依赖心理的表现。当孩子受到委屈之后，他们并不知道什么事情是大事，什么事情是小事，就会都向自己的爸爸妈妈诉说，从爸爸妈妈那里获得安慰。这是由孩子的年龄特征所决定的。等到孩子长到一定年龄之后，随着视野的开阔以及知识的增加，这种"积极告状"的现象就会消失。家长们不需要太多担心，但也要正确看待和分析处于这个阶段中宝宝的告状行为。

米朵儿是一位活泼开朗的小姑娘，见人总是笑嘻嘻的，大家都叫她"小可爱"，可是最近米朵儿又多了一个绰号"小事妈"。原因是什么呢？原来是最近米朵儿特别喜欢告状，只要受了一点小委屈就会哭诉着向妈妈告状，让妈妈替她出头。

刚开始的时候，妈妈认为米朵儿太小了，就什么事情都替她出头，只要她受一点委屈就会去替她"教训"小朋友。

但是，随着年龄的增长，米朵儿好像并没有减少告状的频率，仍然是什么事情都向妈妈告状，需要妈妈替她出头。妈妈开始担心了，因为米朵儿爱告状，好多小朋友都不喜欢和她玩了，妈妈担心她的朋友会越来越少，除此之外也担心米朵儿的依赖心理会越来越严重，该怎么办呢？

专家解读：

很多家长都会遇到这样的问题，孩子总是会因为一些鸡毛蒜皮的小事向家长和老师告状。最初，因担心孩子受到欺负，父母总是替孩子出头，可是久而久之就会发现孩子越来越依赖自己，什么事情都要爸爸妈妈帮着去解决。其实，故事中妈妈的做法是很好的。虽然最初的做法有些不妥，但是在意识到错误之后，妈妈能够找到办法引导孩子自己解决问题。这是非常重要的。

孩子爱告状是由孩子的年龄特征决定的。4~10岁的孩子处于一个叫"前习俗水平"阶段。这个阶段的孩子道德判断的特点就是服从个人强权，依赖性比较强。只要遇到他们认为是坏的事情，就要向自己的长辈或者是老师告状。所以，当孩子告状的时候，应该引起家长们的重视，但是家长们尽量少介入，否则对于解决问题是非常不利的，会影响孩子自主解决事情的能力，加重孩子的依赖心理。除此之外，还会导致孩子不能顺利地向后阶段习俗水平过渡，养成爱告状的毛病。

延伸阅读：

有的家长可能会告诉孩子小事情不要总是告状，等到大事情再去告状，可是孩子哪里分得清大事情、小事情？因此他们遇到事情就会向家长告状的。除了年龄特征之外，以下几个原因也是造成孩子告状的重要因素。

（1）在孩子遇到问题的时候，经常会手足无措，这个时候，他们就会求助于自己的父母，让父母帮助他们解决问题，于是他们就会用告状的形式获得父母的帮助。

（2）当孩子受到委屈向父母哭诉的时候，家长们总是会对其进行安慰，这也是孩子求得心理关爱的一种方式。

（3）通过检举他人的不当行为，让父母对自己的是非判断能力能够做出肯定。

（4）向父母或者老师揭发他人不正确的事情，以此求得表扬。

（5）做了错事，为了逃避责任、批评或惩罚，这个时候也会告状。

（6）出于嫉妒的心理，当他人受到表扬的时候，就会以告状的方式来贬低他人，抬高自己。

当孩子出现告状行为的时候，家长们应该如何做呢?

（1）尊重、理解孩子，认真倾听孩子的诉说。

在孩子告状的时候，无论是大事情还是小事情，家长都应该认真倾听，站在孩子的角度去分析问题，并做出相应的回应。不要敷衍了事或者嘲笑孩子。这样对孩子是非常不礼貌的，也是不尊重的。这样会伤到孩子的自尊心，会让他们更加的委屈，严重的还会造成心理阴影。

（2）了解事情的经过。

有的家长可能在孩子告状后不问青红皂白就去替孩子出头，这样会助长孩子的告状行为。所以，当孩子出现告状行为后，家长们要冷静下来，耐心地让孩子把事情的来龙去脉说清楚。如果孩子表达不清楚的话，可以采用提问的方式帮助孩子回忆事情的经过。了解清楚事情经过之后再去做出相应的处理，而不是莽撞行事。

让好习惯
营造一个健康的内心世界

英国哲学家弗兰西斯·培根曾经说过:"习惯真的是一种顽强而巨大的力量,它可以主宰人生。因此,人自幼就应该通过完美的教育,建立一种良好的习惯。"父母作为孩子的老师,应该给予孩子最好的教育,帮助他们克服丢三落四、尿床、拖延、随处乱放东西、爱拿别人东西这些坏习惯,帮助他们养成一个良好的习惯。让好习惯营造一个健康的内心世界,让健康的内心世界成就一个更加灿烂辉煌的人生。

让宝宝爱上吃饭

🎵 **宝妈**：让我家宝宝吃饭真的是太费劲了，每次吃饭的时候他不是看动画片，就是爬上爬下的，要不就是玩玩具。奶奶经常跟在他的屁股后面追着喂饭，每次吃饭就像打仗一样。就算是这样，他仍然是不好好吃饭。每次吃饭都把我们折腾得够呛，真不知道该如何让宝宝爱上吃饭。

小提示：宝宝不爱吃饭并不全是宝宝的过错，有可能是爸爸妈妈没有给宝宝养成一个良好的吃饭习惯，或者是爸爸妈妈没有科学合理地喂养孩子。所以，要想让宝宝爱上吃饭是一项艰巨的任务，家长们一定要做好各种准备。

婴儿时期的果冻儿特别能吃，在他3个月的时候每次可以喝150毫升的奶，妈妈经常说："果冻儿真是一个吃货，这么小就这么能吃，长大之后肯定不发愁吃饭。"在果冻儿8个月左右的时候，每当有人吃东西，他的小眼睛就会直勾勾地盯着人家手里的食物，有的时候还会用舌头舔舔自己的小嘴唇，好像在说："那个是什么好吃的啊，给我吃一点好不好？"如果给他吃一点，他就会高兴得手舞足蹈。妈妈看到果冻儿这个样子，就更加坚定了果冻儿"是可以好好吃饭"的信心。可是，事情并没有想象的那样简单。

转眼过了两年，果冻儿开始不好好吃饭了，总是挑三拣四的，不爱吃这个，不爱吃那个。要不就是吃得特别慢，好像美味的食物对他失去了吸引力。

有一次，妈妈做了西红柿鸡蛋面。招呼正在看电视的果冻儿吃饭，果冻儿站起来，走到餐桌旁边看了看，噘着小嘴说："我不喜欢吃鸡蛋，我不吃了。"说着就又去看电视了。妈妈说："鸡蛋很有营养的，果冻儿吃一点吧，你尝尝妈妈做得很香的。"说着就往果冻儿的嘴里喂了一口面条，还没有嚼几口，果冻儿就将面条吐了出来，一边吐一边说："真难吃，我不要再吃了。"妈妈说："你不吃饿了就没有吃的啦。"虽然妈妈这么说，可是果冻儿无动于衷，仍然专心致志地看电视。过了一会儿，正在看电视的果冻儿小肚子开始咕咕地叫了起来。他就对妈妈说："妈妈，我饿了，我要吃饭。"

妈妈："可是，现在已经过了吃饭的时间啊，而且现在也没有饭了。你自己说不吃的，你要承担后果啊。"

果冻儿："妈妈，我真的太饿了，你就给我做一点吧。"

妈妈："那你要答应妈妈，下次吃饭的时候好好吃饭。"

果冻儿使劲地点了点头。

妈妈就去给果冻儿做了青菜粥，果冻儿狼吞虎咽地吃了起来。

可是到了第二天，果冻儿还是不好好吃饭，妈妈真的是愁坏了。

专家解读：

宝宝不爱吃饭确实是让家长们十分头疼的一件事情，宝宝不爱吃饭的现象，一定要引起家长的重视，一定要从小培养宝宝爱吃饭的习惯。宝宝不爱吃饭，就会削弱抵抗力，引发各种疾病，对于宝宝的生理和心理都是有非常严重的影响。比如，不爱吃饭的宝宝身体一般比较瘦弱，等到他上幼儿园的时候，就有可能很难适应那里的生活，每天变得很不开心，这样就会影响到他们的心理健康。所以，家长们一定要让宝宝爱上吃饭，这对于宝宝的身心健康是非常重要的。

延伸阅读：

家长应该如何让宝宝爱上吃饭？

1. 由家长来决定每餐吃什么

有的家长在做饭的时候经常会听取孩子的意见："宝贝，你想吃点什么？妈妈给你做。"吃什么往往都是由孩子决定的。父母以为这是对孩子最好的爱，其实不然。因为，小孩子并不懂得应该如何更加营养地去吃，他们只知道吃自己爱吃的。如果经常吃他们爱吃的，长期下去，他们也就不爱吃了。所以，每顿饭吃什么最好由家长来决定，家长们应该多动脑筋为孩子提供一个营养均衡、色香味俱全的饭菜。就像果冻儿的妈妈一样，哪个孩子会拒绝一个可爱的金鱼馒头呢。

2. 适当地给孩子吃一些零食

孩子都喜欢吃零食，但孩子吃过多的零食是会影响到孩子的正常饮食的。在面对这个问题的时候，有的家长可能会对其采取强硬的态度，完全不给孩子吃任何零食。有的家长则是虽然嘴上说着不让孩子吃零食，却是敌不过孩子的撒娇耍赖，最后还是任由孩子去吃零食。

其实，这两种做法都是不正确的。如果完全不给孩子吃零食的话，就会让孩子在精美的零食世界中缺少了一点享受，除此之外，小孩子越是吃不到的东西，他们就会感到好奇，他们就越想吃到，也会激起他们的逆反心理。所以，最好的做法就是给孩子制定一个合理吃零食的规则。比如，一周买几次零食，每次买多少，买什么样的品种，每次吃多少等。在执行的过程中父母应该坚持两点原则：第一，不随孩子情绪起舞；第二，针对孩子破坏零食规则的行为，开启复读机模式——"不行，不行，不行……"

3. 给孩子制定合理的吃饭时间

有的孩子可能会在大家都吃饭的时候不好好吃饭，非要等到自己饿了的时候再要求妈妈给做饭吃。如果妈妈一味地迁就的话，就会影响宝宝的饮食规律，还会对宝宝的心理健康产生严重的影响。

因为，如果你总是满足宝宝的这种不合理的饮食要求的话，每次都狠不下心去拒绝宝宝的话，会对孩子的心理人格发展造成非常不好的影响：变相鼓励了他通过幼稚的方式——哭闹耍横、耍泼，来达到自己的目的，以后一遇到不顺心的事情，不是去想如何解决，要么就以幼稚令人心烦的方式去纠缠别人，要么干脆放弃或拖延，比如遇到枯燥但必须完成的学习任务。

4. 制定合理的饮食规矩

有的宝宝可能在吃饭的时候总是闲不住，吃一会儿，玩一会儿，或者是边吃边玩，这对于宝宝养成良好的饮食习惯是非常不利的。所以，一定要给宝宝制定一个合理的饮食规矩。比如，吃饭的时候必须坐在指定的位置上，不能到处乱跑，只有在吃完的时候才可以离开餐桌。这些规矩对于那些好动的孩子来说实行起来是比较难的，但是家长们一定要坚持立场，坚守自己的原则，可以在宝宝遵守规矩之后，给予宝宝表扬和鼓励，这样宝宝就会非常愿意遵守了。

5. 让宝宝选择自己喜欢吃的食物

宝宝也有喜欢吃的食物，也有不喜欢吃的食物。当饭桌上出现了宝宝不爱吃的食物的时候，他们就会想尽各种办法拒绝吃饭。所以，当有宝宝不爱吃的食物的时候，家长们不要强硬地让宝宝吃，而是应该给宝宝一定的自主选择的权利，和宝宝好好商量一下，让孩子在允许的范围内做出选择。比如，可以和孩子说："今天咱们是吃冬瓜、菠菜，还是吃豆芽或青椒？""是吃鱼、猪肉，还是吃牛肉或鸡肉？"让孩子在喜欢的食物中摄取营养元素，只要宝宝能够安安稳稳地坐在桌旁吃饭，得到均衡的营养，目的就达到了。

尿床并不是一件羞耻的事情

宝妈：我家熊孩子最近开始尿床了，几乎每天都要给他换床单，这么大的孩子还尿床，真的是太丢人了。

小提示：孩子尿床并不是一件可耻的事情，这也并非是他们的本意，引起尿床的原因是非常多的，家长们应该十分注意这件事情，不要把这件事情的责任全部推到孩子的身上。

小李是一名教师，有一个非常健康的男宝宝，全家人都非常喜欢这个宝宝，家里总是充满了欢声笑语，宝宝在这种欢乐的氛围当中健康成长。但是当儿子长到2岁的时候，小李发现孩子晚上经常尿床，午睡的时候也会尿床。当时以为孩子小，这是正常的，长大了就好了，也就没太当回事。孩子转眼就到了上幼儿园的年龄，但是这个问题却一直没有改变，每天去幼儿园都要带着换洗的裤子，换洗床单成了小李的家常便饭，十分辛苦。但是小李却觉得自己的辛苦没有什么，主要是这件事情给孩子带来了太大的影响。由于儿子经常尿

床、尿裤子，也就遭到了小朋友们的嘲笑，致使孩子非常害怕去幼儿园，在幼儿园的时候也非常痛苦。小李看在眼里痛在心里，于是就带孩子去看了医生。经过医生的诊断，孩子是由于轻微的脊柱裂导致的尿床。后来经过治疗，孩子尿床的毛病终于治好了，孩子也重新找到了自信。

专家解读：

孩子在2岁之前，由于神经系统还没有发育完全，智力尚未发育完全，再加上膀胱括约肌没有发育好，还没有形成良好的排尿习惯，所以就会出现偶尔的尿床现象。但是随着孩子的长大，器官也渐渐地发育成熟，那么尿床的现象也会随之消失。一般来说，孩子在3岁的时候就会养成自主排尿的习惯，也有了对小便的控制能力，对于婴儿来说，尿床是一件非常正常的事情，但是如果到了五六岁还尿床的话，就要引起家长的注意了。

延伸阅读：

一般来说，引起孩子尿床的原因主要有两种：一种是病理性的尿床，另一种是非病理性的尿床。

病理性的尿床主要是由于孩子的膀胱容量小，一般这样的孩子的膀胱容量都会小于正常值的50%，这样就会导致蓄尿容量小，进而出现遗尿的现象。

非病理性的尿床：这种尿床的原因非常多，与遗传因素、心理因素、孩子的睡眠情况以及父母的照顾都有着非常重要的关系。

遗传因素：这种情况多发生在男孩身上，一般这种情况都是由于父母双方中的一方儿时存在着尿床的毛病，那么孩子尿床的几率就会相当高。

心理因素：孩子睡前过于兴奋或者是受到了某种刺激，再或者是受到了父母的责骂，在精神上过度紧张，这些也会导致孩子尿床，甚至还会在一定程度上加剧孩子的尿床症状。

孩子的睡眠情况：儿童在夜间的睡眠是非常沉的，非常不容易醒，那么也就没有自己起床尿尿的行为了。有时候虽然被家长叫醒了，但也是迷迷糊糊的，这个时候的大脑是昏沉的，就不会接收到来自膀胱的尿意，就会在梦中反射性地尿尿。

现代医学证明，健康人之所以在长时间睡眠情况下不会尿床，一个重要的原因是人在睡眠时会产生大量的血管升压素，对泌尿器官制造尿液的多少起控制、调节作用。所以，一个晚上叫醒孩子1～2次即可，否则会打乱睡眠规律，导致血管升压素分泌紊乱，出现尿床。另外，睡前不要让孩子喝太多水，也不要吃太多水果；睡前有喝奶习惯的孩子，也应尽量改变；睡觉前，督促孩子小便，不要憋尿睡觉；晚餐吃得清淡点儿，不要咸了，以免孩子口渴起夜喝水。如果赶上哪一天孩子出去玩累了，或者吃了较多的水果、喝了过量的水，父母可以给孩子穿上纸尿裤，这样就会减少尿床对孩子睡眠的影响。

父母照顾的原因：这主要是由于父母照顾得过于"周到"或者是过于"疏忽"引起的，在婴幼儿时期，父母的一味把尿或者是让孩子随意尿尿，都会对孩子养成良好的排尿习惯造成影响。

所以说，父母要正确看待孩子的尿床行为。如果是病理性尿床就要及时带孩子去看医生，以免耽误孩子的健康成长；如果是非病理性的原因，那么就要根据不用的原因找出解决孩子尿床问题的方法。

日常生活中，父母要积极引导孩子养成良好的排尿习惯。每个孩子的排尿功能都有一些个体上的差异，所以对于排尿训练的时间不应抠得太死，不过还是有一定规律可循的。通常情况下，家长们可以通过以下几种方法进行。

（1）0～12个月：使用尿布或尿不湿。由于这个年龄段的孩子的大脑、神经、肌肉尚未发育成熟，所以不适宜过早地对孩子进行排尿训练，以使用尿布或尿不湿为宜。

（2）1～2岁：白天把尿与夜里用尿不湿相结合。1岁以上的孩子已经会有尿意而要排尿了。此时由于孩子的膀胱容量小，排尿次数较多，所以应该每 2 小时左右排一次尿。同时也可以给予一定信号，如吹口哨，用以提醒孩子排尿，以避免因长期使用尿不湿而引起的任意排尿习惯。白天可以不用尿布或尿不湿，不过夜里仍要用尿布或尿不湿。

（3）2～5岁：白天主动排尿晚上被动排尿。一般来说，这个年龄段的孩子白天都能控制排尿，但夜间尚不能完全控制。因此，要教会孩子，白天一有尿意时就要主动告诉父母，然后父母带孩子去厕所排尿。注意即使用便盆，也要把便盆放在厕所里，以防止孩子养成随地大小便的习惯。夜间，父母仍需叫醒孩子排尿，一般情况，晚上可以不用尿布或尿不湿。

（4）5岁以上：可以独立上厕所。5岁多的孩子其实已经可以自己脱裤子、提裤子和擦屁股了，所以父母应该让孩子独自上厕所。在训练孩子独立大小便的过程中，即便有时孩子做得不够好，父母也应该鼓励孩子自己完成，从而为孩子将来独立生活打好基础。

拒绝做一个"电视狂"

♪ **宝妈**：最近，我家孩子迷上了看电视，总是坐在电视前看动画片，说他也不听，怕他把眼睛看坏了，还耽误学习。真不知道该怎么办。

(小提示)：现在的电视节目越来越丰富了，家里又没有其他的小伙伴，孩子们只能通过看电视来寻找乐趣了，所以家长们也要理解孩子，采取一个正确的态度，防止他们逆反心理的产生。

小宝4岁了，特别喜欢看电视，一有空就会打开电视看起来，小宝最喜欢看的就是《熊出没》，而且是百看不腻。只要是小朋友来，他就会兴奋地与小朋友坐在一起看电视。

有一次，妈妈带小宝回姥姥家。到姥姥家之后，小宝宝就去找邻居家的小朋友玩去了。可是，没过一会儿，小宝就生气地回来了。姥姥见状急忙上前询问是怎么回事，小宝不高兴地说："苗苗和我抢电视，我想看

《熊出没》，她非要看《白雪公主》。"姥姥笑了笑说："她不让你看，你就在家自己看呗"，说着就给小宝打开了电视。小宝调到少儿频道，电视里正好在放《熊出没》，就津津有味地看了起来，而且一坐就是一个下午，妈妈多次提醒小宝让他出去玩一会儿，可是小宝宝就是不听。仍然是坐在电视前一动不动，因为妈妈要帮姥姥干活，也就没有过多地关注他。

到了晚上吃饭的时候，小宝虽然坐到了饭桌前，但是眼睛仍然盯着电视，手里拿着筷子好半天都没有动。妈妈说："小宝，快吃饭，吃完饭再看。"小宝虽然嘴上"嗯"了一声，但是眼睛仍然诚实地盯着电视，妈妈提醒了几次他都无动于衷，这让妈妈非常的恼火，就起身关掉了电视。小宝见妈妈关掉了电视，委屈地哭了起来。

专家解读：

电视在现代家庭中可以说是非常普遍，孩子们都很喜欢看电视，尤其是喜欢看动画片。虽然电视节目丰富了孩子的生活，增长了孩子的知识，开阔了孩子的视野，可是如果孩子沉迷于看电视的话，也会带来不良的后果。

不少父母会有这样的烦恼：孩子总是喜欢看电视，什么事情也不做，好像对所有事情失去了兴趣，不去和小朋友玩，不玩玩具，不看书。如果不让他看电视的话，他就会耍赖，又哭又闹。

丰富的电视节目对人是有很大的吸引力的，大人们还经常追剧追到深夜，更何况是一个孩子呢？当你熬夜看电视剧、看球赛的时候也应该想到孩子会目不转睛地盯着动画片不愿意动地方了。所以，当孩子沉迷电视的时候，家长们要多方面分析，正确引导孩子的这种行为，让电视发挥出应有的作用。

延伸阅读：

看电视的利与弊

有益的电视节目有利于儿童的启蒙教育，能让孩子的感知能力得到发展，提高孩子的语言能力，增长知识，开阔眼界，能够让孩子更全面地认识社会，有助于孩子大脑的开发。

虽然看有益的电视节目对孩子有一定的好处，可是看时间长了，不但会损害孩子的视力，还会影响孩子的身心发展。

1. 视力下降

看电视是属于画面整体认知，电视画面往往将人的视线相对集中于一个方向，看电视时人的眼球一般处于静止状态，这对儿童的视力发展是很不利的。幼儿时期正是眼睛形成固定折射的时期，眼球的前后径短，晶状体尚未发育成熟，睫状肌很娇嫩，如果长时间看电视，就会减少眼球运动的机会，导致孩子的视力下降。

2. 身体发胖

孩子看电视的时候一般都是坐着，长期坐着就会减少能量的消耗。在看电视的时候，孩子会经常吃零食，长期不运动吃得还多，那么孩子自然而然就会成为一个小胖子。

3. 交往能力变差

如果孩子把大量的时间都用来看电视，就会减少与外界交流的机会，社交能力也就会随之减弱。除此之外，如果孩子没有其他的伙伴，经常和电视机在一起的话，会使孩子的性格变得孤僻。对电视的关注会让他们忽略朋友，不愿意与人交流，这种情况如果不及时纠正，那么孩子将来就会很难与人相处，难以适应社会。

4. 影响创造力和想象力的发展

如果孩子长期看电视的话，就会减少读书、做游戏的时间。然而这些活动对孩子创造力和想象力的发展非常重要。在阅读时，孩子需要通过自己的努力去设想文字描写的情景，在这个过程中，其创造力和想象力就会在无形之中得到培养；在做游戏时，通过不断实践，发现解决问题的方法，使得孩子的创造力也得到发展。而电视节目总是把现成的情景摆在儿童面前，减少了他们思考和想象的空间，直接影响到想象力和创造力的发展。

预防孩子成为"电视迷"

在孩子控制能力还比较差的时候，看电视的弊远远大于利。家长们要尽量减少孩子看电视的时间，让孩子摆脱电视机，拒绝做一个"电视狂"。

1. 父母要以身作则

父母自身要有良好的生活方式，少看电视，给孩子做一个好榜样。父母不要为了省心省事，就让孩子一直看电视，平时应当多陪孩子阅读、运动、郊游等，给孩子的健康成长创造一个良好的家庭环境。

2. 规定孩子看电视的时间

如果孩子还不到2岁，尽量不让他看电视。如果一定要看，那就把他看电视的时间分成一个个10～15分钟的时间段。超过这个时间，他就必须休息。如果孩子满2岁了，则可以把他每天看电视的时间延长到半个小时，之后也需要休息。需要注意的是，不要在宝宝的卧室放电视机；吃饭的时候，要把电视机关掉。

3. 选择对孩子有益的节目

应该让孩子看一些节奏缓慢的节目，这样孩子才会有时间思考他正在看的内容，理解、吸收其中的信息。可以选择强调互动的儿童节目，并鼓励宝宝跟随电视里的人说话、唱歌或者跳舞。要注意的是，不要让孩子观看有恐惧、暴力镜头的节目。因为有研究表明，这种节目更容易导致孩子表现出攻击他人的倾向。

4. 要严格执行规则，培养孩子的执行能力

如果孩子在规定看的电视节目结束后能主动关掉电视，就要及时鼓励并赞赏孩子，让他知道父母的态度，并体会到能控制自己欲望和行为的愉快感受。如果孩子在节目结束后没有关掉电视的举动，父母也不要过多地

指责，而应该心平气和地提醒孩子关掉电视。在这种情况下，如果孩子能按照父母的提醒执行，也要进行鼓励和赞赏；如果孩子耍赖，那父母可以心平气和地关掉电视，少和孩子发脾气。

拒绝拖延，从娃娃抓起

🎵 **宝妈**：自从我家孩子上幼儿园，每天早上就和打仗一样，他总是磨磨蹭蹭地让人着急。有的时候都快迟到了，他仍然是慢慢悠悠的，真拿他没办法。

小提示：孩子拖延是一种非常不好的习惯，妈妈们一定要帮助孩子改掉这个习惯，帮他们养成一个做事干脆、迅速的良好习惯，这对他们以后的人生是非常有帮助的。

亮亮3岁多了，刚上幼儿园。可亮亮有一个坏毛病，就是无论做什么事，都非常的磨蹭。每天上幼儿园的时候，都要和妈妈上演一场"鸡飞狗跳"的戏：

妈妈："亮亮，快起床了，都8点了，再不起来就该迟到了。"妈妈一边急急忙忙地帮亮亮收拾书包，准备早餐，一边喊亮亮起床。

亮亮："妈妈，我好困啊，我要再睡一会儿。"

妈妈："赶快起来了，马上就要迟到了，赶快起来洗脸刷牙。"

10分钟过去了，亮亮仍然躺在床上没有任何动静，妈妈只好继续催促。在妈妈的催促中，亮亮慢慢地睁开眼睛，开始穿衣服。可是，上衣刚刚穿到一半，亮亮又倒在床上呼呼睡了起来。

妈妈："亮亮，8点半了，马上就要迟到了，快点吧。"妈妈有点无奈了。可是亮亮无动于衷。于是，妈妈亲自上阵，帮亮亮把裤子、鞋子穿上。可亮亮就好像失去了骨头一样，软绵绵的，妈妈非常艰难地给亮亮穿好衣服，再帮亮亮胡乱地洗了一把脸，这个时候已经9点了。如果再吃饭的话就肯定会迟到，于是妈妈将早饭带上，决定在公交车上吃。

经过一早上的折腾，终于将亮亮准时送到了幼儿园。妈妈看着亮亮的背影，心里想：这个孩子怎么会这么磨蹭呢，每天都这样匆匆忙忙的，怎么办才好呢？

专家解读：

孩子做事磨蹭，是大部分孩子都会出现的现象。父母经常是使出浑身解数，软硬兼施，可孩子仍然是不紧不慢，拖拖拉拉，这让父母万分焦急。

孩子做事情总是慢吞吞的，父母看在眼里真是又气又急，恨不得帮孩子把所有的事情都做完。可是，父母们有没有想过，孩子为什么会这样慢吞吞呢？

其实，有些孩子天生的性格就属于慢吞吞型的，这样的孩子并不容易改变，反而是父母需要花费更多的时间和心思来关注他的需要。性格外向的孩子通常都是积极、乐观、迅速的，对一些活动总是充满好奇和活力；而性格内向的孩子表现出来的则是畏缩、沉默、害羞的个性，做起事情来，也是慢腾腾的，甚至学习效率也比其他孩子低。

延伸阅读：

需要注意的是，天生慢吞吞的孩子，也有其细致谨慎、从容不迫的一面，所以不能一概说他不好，或者把他当作有问题的孩子。对待这样的孩子，父母要耐心引导，让孩子在保证做事质量的前提下，提高做事的速度。另外，还有一些孩子并非天生的"慢性子"，这其中是有原因的。

1. 孩子处于动作发展期

通常来说，处于动作发展期的孩子会有手脚不灵活、不协调的表现，这是由于其神经、肌肉的活动还不协调，同时缺乏一定的生活技能，所以导致他做事情比较缓慢。

2. 缺乏兴趣

孩子对需要做的事情缺乏兴趣，就会用磨蹭来拖延。比如，让孩子看喜欢的动画片，没几天就能看完；而让孩子收拾玩具，他就会磨磨蹭蹭的，任你三催四请，直到马上就要"爆发"时，他才会把动作加快一点，等你稍微不注意他，他就又会放慢速度了。

3. 意志力不坚强

3岁之前的孩子对周围的一切事情都很感兴趣，所以总会被眼前的事吸引而忘记了手头的事。

4. 缺乏紧迫感

孩子的时间观念差，做事情缺乏紧迫感。

5. 家庭环境影响

如果父母和家庭其他成员大多数是慢性子，那么孩子十之八九也会是慢性子。

6. 父母照顾过多

现在的孩子享受了父母太多的精心照料，生活中的许多事情都由大人代劳,于是便习惯性地形成了对父母的过分依赖,即使是面对一些需要自己完成的事情,他也会不紧不忙地磨蹭,等待父母的援助之手。

帮孩子跟拖延说"拜拜"

很多时候,当孩子做事拖拉时,一些父母会表现得比较急躁,提高嗓门冲孩子嚷嚷,对孩子责备不停,甚至打骂孩子。这些简单、粗暴的方式实际上起不了多少作用,孩子看上去像是被吓住了,做事的速度加快了,但是一旦风平浪静之后,孩子照样拖拉。因此,要想让孩子不拖拉,父母要保持一种平和的心态,运用正确的方法来引导孩子。

1. 给孩子做好榜样

如果父母也有磨蹭的毛病,一定要改,要养成雷厉风行、干净利索、动作迅速的做事风格。有了父母良好的行为典范,孩子就有了一个学习的好榜样。

2. 和孩子比赛

父母可以和孩子比赛,比如看谁穿衣服快,谁叠被子快,谁洗脸快等。同时,父母要给孩子设计一张"比赛"成绩表,记录每天做事情所用的时间。如果有进步,就给予奖励。

3. 兴趣激将法

父母可以选择孩子平时最爱听的故事、最爱玩的游戏、最爱看的动画片等,来激发孩子做事的兴趣,促使孩子快速行动。比如孩子爱听故事,父母可以对他说:"你快点把玩具收拾好,我们就可以把昨天的故事讲完了。"利用这种方法时,要注意不能用谎话欺骗孩子,答应的事情一定要兑现,否则,不但达不到目的,还会对孩子良好品格的形成带来消极的影响。

4. 训练孩子的"手"上速度

孩子因为动作不熟练、缺乏操作的技巧以至于做事慢,父母可以通过教给孩子一些基本的技能,让孩子的动作快起来。比如,怎样穿衣服才能穿得更快,怎样洗漱才能不浪费时间,怎样整理玩具才能取用方便,学习

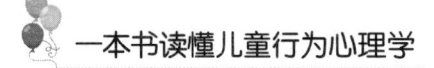

用品摆放要分门归类等。孩子找到了方法，速度自然就提高了。

5. 适当给予鼓励和夸奖

表扬和鼓励比批评和指责能更有效地激发孩子的积极性，孩子受到的表扬越多，对自己的期望也就越高。一般的孩子都较为看重来自外界的认同，所以，要想让孩子不再磨蹭，父母改变对孩子的评价是必需的。

比如，父母如果说"你快点行不，慢死了""你这孩子怎么这么笨啊"等消极、否定的话语，会让孩子做起事情来变得更加惶恐不安。紧张的情绪也会导致动作变慢，而且容易出错。如果父母对孩子说："你再快一点点就更出色了！""你现在比过去有进步了！""你看你做得多快！""做得真棒，加油啊！"这样孩子便会受到正面的鼓励，而这些真诚的鼓励往往是能够打动孩子的，孩子也会为了不让父母失望，下次做事就会有意识地提醒自己加快速度。

另外，为了使孩子更有动力，在他做事的速度比以前快时，或者当他达到了大人的要求时，父母还可以适当地给予一些奖励，如给孩子加一颗小红星、带孩子外出游玩、给孩子买他想要的玩具等。用鼓励和奖赏来"催"孩子做事，往往能够收到很好的效果。

6. 磨磨蹭蹭要付出代价

让孩子为自己的磨蹭付出代价，让孩子自己去品尝磨蹭的自然后果，不失为一个改掉孩子磨蹭毛病的好方法。就好像，孩子赖床，父母不要急，也不要帮他，可以提醒他一下"再不快点可要迟到了"。如果他依然在那里磨磨蹭蹭的，不妨任由他去，故意让他迟到一次。如果孩子真的迟到了，老师肯定会询问他迟到的原因，孩子挨了批评，尝到了拖沓的苦果后，自然就会想着以后要加快速度了。

7. 不要事事都帮孩子干

要想让孩子不再拖沓，父母不能因为看孩子干得慢就包办代替，必须剔除对他多余的关爱，让孩子对父母不过分依赖。对于孩子分内的事，父母一定要让孩子亲自去做，要做到"管放结合"。管，就是在孩子做某件事时，若遇到困难，要给予恰当的指导；放，就是放手让孩子去做，如果孩子出了一点小差错，也不要心急，应该让孩子慢慢摸索着完成事情，这样孩子在做的过程中就能锻炼能力，做事的速度也就会越来越快了。

8.培养孩子树立时间观念

孩子做事磨蹭很大程度上也因为他还没有时间观念，他不知道时间对他来讲意味着什么。

因此，对磨蹭的孩子来说，培养时间观念是至关重要的。父母可以给孩子讲一些古往今来的成功人士珍惜时间的故事，还可以在孩子的卧室里张贴一些名言警句来提醒孩子珍惜时间。

培养独立的个性，从收拾自己的物品做起

♪ **宝妈**：我家孩子聪明伶俐，非常乐于助人，非常招人喜爱，但是他却有一个坏习惯——乱丢东西。衣服鞋子脱了就随手一扔，玩具也扔得到处都是。每次告诉他，用完的东西要自己收拾好，可是他每次玩完玩具都是抬抬屁股走人，最后还得我去帮他收拾烂摊子。这个坏习惯是不是很严重呢？是不是宝宝长大之后就会好了呢？

小提示： 宝宝乱扔东西看上去只是孩子生活中的小问题，但是对孩子的生活、学习甚至是将来工作都会产生很严重的影响。如果妈妈总是跟在孩子的屁股后面帮助他收拾东西，还可能会影响到他的独立性。所以，孩

子乱扔东西一定要引起家长的重视,要帮助宝宝改掉这个坏习惯。

球球的妈妈是一位非常爱干净的妈妈,在没有球球之前,家里总是收拾得一尘不染,非常整洁。可是,在球球到来之后,洁净的家里就被搞得乱七八糟,尤其是在球球上幼儿园之后。经常是将自己的衣服鞋子丢得到处都是,玩具也丢得满地都是,经常令妈妈恼火。

有一天,球球放学回到家,将书随手一放,鞋子随便一扔,既没有换衣服,也没有穿拖鞋,就急匆匆地打开了电视机,准备看电视。妈妈见状对球球说:"球球,你能不能先换一下衣服,穿上拖鞋再去看电视啊?"球球听到妈妈的话之后,走进自己的房间换衣服,没过一会儿,穿着居家服走了出来。

妈妈:"你换下来的衣服放在哪里了?"

球球:"在房间里啊。"

妈妈:"是放在指定的位置上了吗?"

球球没有说什么,只是点了点头。

妈妈觉得情况不对,就走到房间去查看,果然不出妈妈所料,球球将衣服丢得到处都是:上衣丢在了床上,裤子丢在了地上。妈妈只好帮球球收拾,一边收拾一边埋怨说:"你这个小家伙,说了多少次也不听,真是一点办法也没有啊。"

专家解读:

很多孩子都会像球球一样,总是将东西丢得到处都是,经常把家里搞得乱七八糟的。有的家长可能会严厉指责孩子,孩子当时可能会乖乖听话收拾起来,可是过一会儿他们又会将东西乱丢。家长们对此很无奈,也只能跟在屁股后面为他们收拾残局。

其实，总是帮助孩子收拾残局对于孩子来说并不是一件好事，它会影响到孩子的学习和生活。孩子乱丢东西的原因主要是由于孩子自身意识非常薄弱，需要什么东西，就直接拿出来，用完之后就随手一放，根本就没有放回原处的意识。除此之外，家庭环境和父母的影响也是造成孩子乱丢乱放的主要因素。所以，家长要有意识地培养孩子主动收拾物品的意识，培养孩子的收纳能力，这对于孩子是非常有好处的。

延伸阅读：

有的家长可能会认为收拾东西并不是一件什么困难的事情，也没有什么技术含量，就不需要去培养孩子收拾东西的能力。其实，看似简单的收拾屋子，却能够培养孩子很多的能力。那么培养孩子收拾物品的能力有哪些好处呢？

1.增加选择的机会，拓展孩子的学习机会

如果屋子里总是乱糟糟的话，就没有多余的空间摆放新的东西，还会缺乏尝试新东西的机会，缺乏新鲜感。如果将屋子收拾整洁有序的话，就可以摆放更多新的东西，孩子们也可以见识到更多的东西，学到更多的知识。比如，整洁有序的书架总是能够放进更多的新书，孩子可以阅读新书，能够在书中学到更多的知识。

2.培养孩子良好的人格品质

如果孩子从小养成收纳整理的好习惯，还可以培养孩子谦让、为别人着想的优秀品质。因为在收拾东西的时候，孩子们会考虑到如果将这个地方收拾干净了，那么这个地方就能放更多的东西，可以提供更多的空间。别人也可以用这个空间去做一些事情。从小就能够培养孩子体贴、关心他人的习惯，而不是事事都只为自己着想。

3.对日后养成良好的工作习惯有着巨大的影响

如果孩子在小的时候，总是不注重收拾整理自己的房间，经常将自己的东西随处摆放，家长们不加以纠正的话，他们就会认为乱放东西是一种正常的行为，就会认为收拾房间并不是一件重要的事情。这种习惯和观念会给孩子在以后的工作中带来不好的影响。在工作中，他们会不屑于去收拾自己的办公桌，经常会把自己的办公桌弄得乱七八糟，不仅给人留下糟糕的印象，也会给自己的工作带来麻烦，在找文件资料的时候经常会手足无措，甚至遗失重要文件，影响工作进度和效率。

那么家长们应该如何帮助孩子改掉这个坏习惯呢？

1. 进行重新布置房间的练习

可以经常让孩子进行重新布置房间的练习。让孩子将自己的房间东西重新整理一遍，引导孩子把不需要的旧东西扔掉，把有用的东西留下，从而扩展出更大的空间来放新的东西。然后再通过你问我答的方式，让孩子自己决定将东西放在哪里，让东西在哪里安家。这样就可以让孩子养成每隔一段时间就进行整理的习惯。

2. 教育要及时

在孩子犯错误的时候，及时地进行批评教育对会让孩子有一个深刻的印象，有助于孩子及时改正错误。当孩子出现乱丢东西的行为时，家长们要对孩子进行及时的教育，告诉他们随处丢东西的坏处，让他们随时把东西收拾好，这样可以让孩子养成随时收拾东西的好习惯。

3. 和孩子做游戏，让孩子在 21 天之内养成好习惯

可以和孩子做一些游戏，比如让孩子把经常犯的错误写在纸上，然后每天记录和监督孩子有没有犯同样的错误，通过打钩的方式，进行适当的奖励和惩罚。通过这样的方式坚持 21 天，争取在 21 天内让孩子养成自主收拾物品的好习惯。那么在接下来的日子里，自主收拾就成了理所应当的习惯。

不要将"喜欢"和"偷"混为一谈

♪ **宝妈**：儿子3岁了，经常看到喜欢的东西就会把它拿回家。带他去朋友家的时候，看到喜欢的玩具就会偷偷地藏起来想要拿回家，有好几次弄得我非常尴尬。孩子这么小就出现了偷窃的行为，长大了可怎么办啊。

小提示：其实，小孩子是没有"偷"这个意识的，当他们看到喜欢的东西就会拿走，认为这是理所应当的。当孩子把喜欢的东西拿回家的时候，家长们不需要太过惊讶，但是也不要熟视无睹，要正确看待孩子的这一行为，不要将这种行为和"偷"混为一谈，千万不要在孩子出现这种行为的时候，给孩子贴上"小偷"的标签，这对于孩子来说是不公平的，也容易造成孩子心理上的阴影，对于孩子将来的成长是非常不利的。

彬彬3岁了，最近出现了一个让妈妈特别担心的行为，就是经常将自己喜欢的东西拿回家。

有一天放学的时候，妈妈把彬彬接回家，回到家帮彬彬脱衣服的时候，发现彬彬的衣服兜硬邦邦的，拿出来一看，是一个小小的玩具车。妈妈没有给彬彬买过这个玩具车，这个玩具车是从哪里来的呢？

妈妈："彬彬，这个玩具车是从哪里来的啊？"

彬彬非常自然地回答："是从幼儿园拿回来的。"

妈妈："你怎么把幼儿园的东西拿回家了啊，这个不是你的东西啊。"

彬彬："我喜欢这个小汽车，就把它拿回来了啊。"

妈妈着急地说：“把不属于自己的东西拿回家是非常不好的行为，幼儿园的东西不是你的，你不能拿，懂吗？不属于你的东西不能随便拿回家的，你不知道吗？”

妈妈严厉的态度把彬彬吓得哇哇大哭，他不明白妈妈为什么会生这么大的气。

妈妈看到哭得很伤心的彬彬，想要对他说这属于偷窃的行为，但是想到孩子太小了，还是没有勇气将它说出来。

专家解读：

很多家长都会有类似的经历，大多数父母都会出现彬彬妈妈这样的心理反应，这是很正常的。其实，这有点小题大做了。我们不应该用成人的视角去审视孩子的这种行为。我们应该站在孩子的角度，去看一看他们为什么把幼儿园的东西拿回家，然后再根据不同的情况采取相应的解决办法。不要急于给孩子扣上"偷窃"的帽子。

延伸阅读：

有时孩子拿别人的东西并不是有意为之，造成孩子拿别人东西的原因也是不同的，我们应该从不同的角度去看待孩子的这一行为。

原因之一：无意行为——分不清"自己的"和"别人的"

对于3岁的孩子来说，他们还分不清什么东西是自己的，什么东西是别人的。他们很多时候只是单纯地喜欢这件东西，认为喜欢的就是自己的，还会自然而然地将它们放入自己的口袋当中，就好像是从路上捡起自己喜欢的小石子一样。对于喜欢的玩具来说，孩子可能是因为在幼儿园里没玩够，或者是他很喜欢这个玩具，想要一直玩，又或者是这个玩具一直被某个小朋友玩，他也想要"独霸"这个玩具，想自己玩，所以就把它带回家了。他们不会认为这是偷窃行为，他们也并没有意识到事情的严重性。

　　这个年龄段的孩子是不具备"偷拿"的意识和能力的，把幼儿园的东西拿回家，大多数情况下都是无意而为之的，父母们不要对孩子进行严厉地斥责，也不需要上纲上线，给孩子制造一个紧张的气氛。但是也不要完全不当回事，还是需要家长们适当干预一下的。

　　（1）应该明确地告诉孩子这是一种不好的行为，以后不要再出现这样的行为。可以对孩子说："这个玩具是幼儿园的，它的'家'应该在幼儿园，应该和小朋友一起玩这个玩具，和小朋友一起玩会更加的有乐趣。"如果家里有类似的东西的话，可以拿出来给孩子看，让孩直观地明白哪个东西是自己的，哪个东西是幼儿园的。

　　（2）要让孩子懂得拿别人的东西需要经过别人的同意。在平时的时候就要注意培养孩子待人接物的方式，这样才会受到别人的欢迎和喜爱。可以和孩子多做一些游戏，在父母拿他的东西或者是玩具的时候，可以对他说："宝宝，这个铅笔可以让妈妈用一下吗？"等到孩子同意了，再去拿他的东西用。在这样的影响之下，孩子就会在潜移默化当中养成良好的习惯。

　　（3）让孩子主动归还拿来的东西。在让孩子明白了不是自己的东西不能够自己独享的时候，就要鼓励孩子及时将东西还回去。最好是让孩子自己还回去，并且和老师说明情况，避免在老师不知情的情况下伤害了孩子的自尊心。

　　原因之二：有意为之——自我控制能力差

　　孩子到了五六岁的时候，已经有了"物权"的概念，知道拿别人或者是集体的东西是一种不正确的行为，在这样的情况下，他们仍然把东西拿回家，就属于有意为之了。之所以会明知故犯，这个时候就与自身的控制力有关了。当他们看到自己喜欢的东西的时候，他们很难控制自己的意念和行为，就会"顺手"将它们带回家，为了逃避批评，他们通常会把东西藏起来。

当孩子在这个阶段出现这种行为的时候，就需要引起家长们的注意了。家长们需要培养孩子的自控能力，给孩子制定严厉的规定，不要让孩子将不属于自己的东西拿回家。同时也需要采取相应的措施来帮助和教育孩子，让孩子改掉这个毛病。

家长正确的做法：

1. 不要打骂孩子

如果发现孩子将东西拿回家，家长切忌不可以对孩子进行身体上的惩罚，也不要过分辱骂孩子，这样做不仅不能够很好地解决问题，还会给孩子留下阴影。千万不要以为孩子小，什么都不懂，过后就忘。在孩子五六岁的年纪就已经开始有记忆了，严厉的打骂，就会激起孩子的逆反心理，后果将会更加严重。应该采用正面教育的方式，让孩子认识到自己的错误，并且主动改正错误。

2. 适当地给予孩子表扬或者是奖励

当孩子主动把东西归还之后，并且连续几天都没有再拿东西回家，就可以适当地对孩子进行表扬和鼓励。如果孩子有正当的物质需求的话，家长们应该尽量满足。防止孩子再从别的地方拿不属于自己的东西。

3. 时常检查孩子的书包、衣袋

家长们要在孩子允许的情况下，查看孩子的书包、衣袋。如果发现有来历不明的东西，将事情了解清楚之后，及时地将东西归还。

4. 观察孩子的行为动机和规律性

有的孩子可能是因为看见大人或者是电视上有这种顺手牵羊的行为，所以就对其进行模仿。如果是这种情况的话，孩子教育起来就会比较容易。

无论孩子是因为以上哪种原因而把不属于自己的东西拿回家，父母在处理这件事时，还有两点必须考虑到——

1. 询问时的态度

避免造成"审问"的局面。这样会给孩子非常大的心理压力，有时甚至会迫使孩子说谎，让本来简单的事情复杂化。

父母不要想当然地跟孩子讲，自认为是怎么回事，只是让孩子回答是与否，而应该鼓励孩子把自己的真实想法说出来。

如果孩子迟迟不开口，就更不能心急，要有足够的耐心等待孩子的回答，因为这是孩子在整理自己的思路或者进行思想斗争的表现。

2. 与老师的沟通

如果孩子的行为是无意的，可以淡化这件事，不必当个多大的事跟老师认真地讨论处理办法。

也不要因为担心老师知道后对孩子态度不好而刻意对老师隐瞒，可以向老师说明情况后再教育孩子。

举止古怪，
那是宝宝成长的信号

宝宝渐渐长大，会出现各种各样奇怪的行为，他们会开始咬人，会不停地扔东西，会打断你与朋友的谈话，会和小朋友抢东西等。当面对曾经的小天使出现的各种古怪行为的时候，家长们非常的头疼，其实这是孩子正经历着成长过程中的各种敏感期，有的行为并不是他们有意为之，家长们不要对他们进行过分管教，甚至是过分约束，父母要做的就是当一个好的引导者，帮助孩子顺利度过各种敏感期。

张口咬人——口腔敏感期的表现

宝妈：最近我家宝宝长牙了，经常用她刚刚露头的小牙咬我的乳头，真的是太疼了。有时候，她还喜欢抱着我的胳膊啃，不让她啃就生气。别看她小，咬起来还真是很疼呢，这是怎么回事呢？

小提示：宝宝咬妈妈并不是故意的，妈妈应该根据不同的情况采取相应的措施。

丫丫6个多月了，牙齿刚刚露出了小白尖，这让妈妈非常高兴。但是也增添了妈妈的烦恼。

有一天，妈妈抱着丫丫给她喂奶，丫丫吃得非常香，看着丫丫狼吞虎咽的样子，妈妈说："你慢点吃，别着急。"就在这时，一阵刺痛从妈妈的乳头上传来，妈妈惊叫了起来。也许是妈妈的惊叫声和强烈的反应吓到了丫丫，丫丫哭了起来。妈妈哄着说："你把妈妈咬疼了，你知道吗？你不要再咬妈妈了好吗？"妈妈又接着给丫丫喂奶，可是丫丫并没有体会到妈妈的疼痛，仍然使劲咬妈妈的乳头，而且还微笑地看着妈妈，且并没有松口的意思，最后还是妈妈把乳头拽了出来。每次吃奶，妈妈都非常痛苦，乳头被丫丫咬得裂开了口子。每次疼得都想打丫丫，但是看着丫丫无辜的表情，又不忍心下手。

丫丫的妈妈从朋友那里得知，宝宝在长牙的时候会牙龈痒，所以他们会咬东西来磨自己的牙龈。于是妈妈就给丫丫买了一个磨牙棒，拿到磨牙棒之后，丫丫就咬了起来，将磨牙棒咬得直响。

自从有了磨牙棒，丫丫就不再像以前那样咬妈妈了，妈妈终于得到了解脱。

2个月后的一天，丫丫和妈妈正玩得高兴的时候，丫丫趁妈妈不注意，突然在妈妈的脖子上咬了一口，给妈妈的脖子上咬出了一个牙印。妈妈又一次疼得叫出了声，但是丫丫却"咯咯"地笑了起来。妈妈以为她又长牙了，于是就给她磨牙棒啃。但是，这次丫丫并没有啃磨牙棒，而是拿着磨牙棒趁妈妈不注意的时候又咬了妈妈一口，还像妈妈露出了"得意"的笑容。这令妈妈真是哭笑不得。

除了在高兴的时候咬妈妈之外，丫丫在发泄情绪的时候，在向妈妈撒娇和妈妈亲热的时候，同样会咬妈妈。虽然每次咬完妈妈，妈妈总是严肃地和丫丫说："你不要再咬妈妈了，妈妈很疼的，你这个样子是不对的。"但是，每次说完之后，丫丫还是一如既往地咬妈妈。可是，丫丫还那么小，和她说再多，她也是理解不了的。于是，妈妈就想到了一个办法，把丫丫的小手拿过来，咬了她一口，把她咬疼了。她知道疼之后，也就不会再去咬别人了。可出乎意料的是，丫丫不但没有哭，反而还很享受，并且"咯咯"地笑了起来，就好像在和她玩游戏一样开心。妈妈还想再咬丫丫一口，可是看到她细嫩的小手就放弃了这个想法。

专家解读：

孩子咬人确实是令人非常恼火的事情。尤其是当你和他们玩得好好的时候，冷不丁地被咬一口，而且咬得还特别疼，真的令人火冒三丈，但是看着孩子无辜的表情，你又无可奈何。每一个妈妈遇到这样的情况都会发火的。但是妈妈在生气之余也应该冷静下来寻找孩子咬人的原因。毕竟宝宝是不会无缘无故地咬人的，那么宝宝咬人是怎么回事呢？

通常情况下，宝宝咬人会有这几种情况：长牙的时候牙龈又痛又痒，宝宝为了缓解这种症状，就会咬人；发泄心中的不满情绪时，也会咬妈妈；和妈妈玩得非常高兴，也会通过咬妈妈来表现对妈妈的喜爱之情。还有一个原因就是宝宝到了口腔敏感期，他们通过咬东西来满足口腔的味觉和触觉的感受。妈妈应该针对不同的情况做出相应的对策，而不是发火。

延伸阅读：

既然孩子咬人并非是一种恶意，而是孩子为了满足各种需求出现的行为，那么妈妈们应该如何去应对呢？

1. 给宝宝吃一些较硬的东西

宝宝在长牙的时候，牙床会感觉到痒痒。在这个时候，妈妈应该给孩子准备一个橡胶的磨牙棒或者是磨牙饼干等较硬的食物。通过咬食这些东西，能够缓解宝宝牙痒的症状。但是，家长们也要注意孩子不要被这些东西噎到，孩子的牙齿还没有完全长好，咀嚼能力并不是很强，硬的东西是很容易噎到孩子的。

2. 满足宝宝口腔的味觉和触觉感受

当宝宝进入口腔敏感期之后，也是味蕾发育的阶段，他们可以分辨不同食物的味道。在这个时候，家长们应该为宝宝提供一些软硬不同，口味不同的食物，尽情地让宝宝去咬。比如，可以给宝宝准备不同的水果。孩子既能够品尝到不同的味道，也能够满足他们想咬东西的欲望。那么宝宝也就不会再去频繁地咬人了。

3. 不要训斥和打骂孩子

有的新手妈妈可能不知道孩子咬人是因为处于口腔敏感期。所以，当他们的孩子咬人的时候，经常会训斥孩子，有时候甚至会动手打孩子。其实小孩子的自控能力并没有发育完全，他们有的时候可能会通过咬人的方式表示对妈妈的好感，如果这个时候妈妈不分青红皂白地训斥孩子，给孩子一副凶巴巴的表情，就会给孩子幼小的心灵留下阴影。他们会很害怕去表达自己的好感。所以，爸爸妈妈们千万不要随意地打骂孩子，应该循序渐进地对他们进行教导。

除此之外，爸爸妈妈还需要注意以下几个问题。

1. 尽量不要大喊大叫

有的妈妈可能因为孩子咬疼了自己，就会大叫。这样是很容易吓到宝宝的，会导致他们不良情绪的产生。有的时候，你的大喊大叫会让孩子觉得是一件非常好玩的事情。有位妈妈有一个8个月大的女儿，有一次在给宝宝剪指甲的时候，误以为剪到了她的手，就大喊了一声，妈妈以为会吓到她，没想到她竟然"咯咯"地笑起来，当妈妈再一次"哎呀"的时候，她笑得更厉害了。因此，当宝宝在咬疼你的时候，尽量不要出声，因为他们还分辨不清你是疼了，还是在跟他们玩耍。

2. 不要不闻不问

虽然这是孩子处于口腔敏感期的正常行为，但这是一种不正确的行为，家长们千万不要不闻不问，任其随意发展。因为，如果父母不加以引导的话，孩子很可能会形成咬人的习惯，坏习惯一旦养成后果将是非常严重的。所以，父母一点要耐心地纠正孩子的这种行为，慢慢地进行指导，帮助孩子改掉这个毛病。

反复扔东西——求关注的表现

宝妈:"我家的宝宝一岁半了,最近出现了一种怪异的行为,经常喜欢扔东西,吃的、餐具、玩具什么都扔,扔东西的时候也没有生气,经常是不喜欢了就扔,而且是越扔越高兴,越扔越兴奋。怎么说也不管用,反而是越说扔得越起劲儿,这是怎么回事呢?"

小提示: 其实,很多宝宝都会出现这种情况,这是他们心理"成熟"的一种表现,是想引起父母注意的一种方式。

菲菲9个月了,妈妈递给了他一个平常非常喜欢的小鸭子玩具。但是,菲菲在接到玩具之后并没有爱不释手,反而是将玩具扔到了地上,于是妈妈给他捡起来继续递给他,但是他仍然重复着刚才的动作。每当妈妈弯腰去捡的时候,他还冲妈妈"咯咯"地笑,于是妈妈换成了一块饼干给他,但他仍然扔到地上,并且"咯咯"地笑。后来,这种情况经常发生,不仅是将递给他的东西扔到地上,还将桌子上的物品扔到地上,将地上弄得乱七八糟的,他看着地上乱七八糟的东西,总是表现得十分满足,看着孩子的笑容,妈妈是既生气又无奈。

专家解读:

宝宝在8~18个月的时候,是神经系统迅速发展的阶段,这个时候宝宝的动作有了大幅度的进步，可以独立玩耍了。但是，宝宝已经不满足于自我玩耍了，他们会将手里的玩具扔到地上，而且还可能是一个接一个地扔。经常是地上玩具还没有捡起来，另一个玩具就又扔地上了，而且是你越捡他就越扔，还好像特别开心的样子。其实，这是孩子人际交往的一种表现形式。首先宝宝通过扔东西来引起父母的注意，从而吸引父母和他们一起玩；其次在扔东西的时候，也是显示自己能力的时候："我不但站起来了，还会把东西扔出去"，东西掉到地上的声音和样子也是宝宝非常喜欢的。

除此之外，宝宝反复地扔东西也是处于空间敏感期的表现。他们之所以喜欢扔东西，是因为他们能够感觉到物体和物体是分开的，是有距离的。物体之间的距离会让宝宝觉得是一件非常有趣的事情，于是他们就通过不停地扔东西来"见证奇迹"。

通常情况下，宝宝在0～6岁之间，空间敏感期是持续发展的。当宝宝长到2岁左右的时候，他们还会把东西塞到小洞里面去，然后再掏出来，或者是从高的地方往下跳，又或者是将瓶盖拧开，然后再拧上，以及喜欢玩藏猫猫、转圈圈等这些游戏。这些都是宝宝感受空间的方式，这对于孩子的智力开发是非常有帮助的。

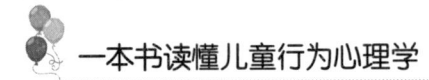

延伸阅读：

这下家长是不是可以放心了，孩子扔东西并不是一件坏事，而是孩子在一定阶段时期的年龄特点。孩子不断地扔东西，也是在不断学习的过程。他们通过扔东西，能够意识到自己扔的动作和扔的物体之间的关系；在扔不同的东西时产生了不同效果，可以发现物体很多新的属性，从而能够对物体获得更多的认知。宝宝在扔球的时候，球会滚动起来，在扔响铃棒的时候，它能够发出声音但是不滚动；扔毛巾的时候既没有声音也没有滚动。其实，孩子在扔东西的过程中，不仅能够在心理上获得足够多的快乐和满足，在欢乐的同时也增长了不少的见识和经验，同时也是宝宝自我意识萌芽的开始，这个时候的他们迫切地需要引起别人的注意，就通过这种方式来吸引家长们的注意。

父母与孩子在扔和捡的过程当中，其实是建立了一种"授受关系"，这也是人际交往的一种形式，在动作和语言的交往当中，让孩子的认识能力得到了发展，同时也训练了孩子的手眼协调能力。在此基础上，还锻炼了宝宝手的伸缩肌肉的发育，从而进一步增强了大脑的思维能力。所以说，对于8~18个月的宝宝来说，这是一件非常正常的游戏，家长们千万不要制止，控制住你们的火气，一定要陪宝宝们做好这个游戏。

家长们在陪宝宝做好这个游戏的时候也需要注意一些事情。

（1）对于8~18个月的孩子来说，他们还没有足够的判断能力，对于要扔的东西是没有选择性的，他们也不知道什么是该扔的，什么是不该扔的，家长们一定要将贵重的物品和危险的物品远离宝宝。

（2）这个阶段也是宝宝们学习自己吃饭的关键阶段，通常也是吃得乱七八糟的时候，这个时候家长们就要避免更糟糕的事情发生。当你和他们坐在一起吃饭的时候，一定不要让他们把碗扔出去。这个时候家长的态度一定要是坚决的。要尽量避免用容易打碎的碗喂宝宝吃饭。还要尽量使用带吸盘的、能吸在桌子或儿童餐椅盘上的儿童餐具，这样孩子就拿不起来了。

（3）为宝宝多提供一些可以扔的东西。如果宝宝出现了扔东西的行为并且很喜欢扔东西，妈妈就要尽量满足宝宝的这个喜好，多为宝宝准备一些可以扔的东西，多准备一些玩具，及时为宝宝捡起扔在地上的东西，或教导宝宝自己捡扔在地上的东西再扔出去；还可以和宝宝玩扔沙包的游戏，这样既满足了宝宝扔东西的欲望，也满足了他们想要求关注的心理，同时也有助于他们对空间的探索。

（4）和宝宝一起感受空间的存在。爸爸妈妈可以和宝宝一起进行探索。比如，陪宝宝一起玩滑梯，可以让宝宝自己爬上滑梯，然后自己滑下来，爸爸妈妈在滑梯下面为孩子加油鼓励。可以和宝宝一起玩回声游戏，让宝宝体会到空间的神奇。

噗噗吐气泡——宝宝想吃辅食了

宝妈：我家宝宝刚过完百天，现在会时不时地吐气泡，噗噗地吐，衣服总是被他吐得湿湿的，是不是生病了啊？

小提示：宝宝吐气泡不一定就是生病了，有的宝宝吐气泡有可能是长牙了，有的宝宝可能觉得很好玩，有的宝宝则是想要吃东西了。妈妈要根据不同的情况进行判断。

每一个当了妈妈的女人最幸福的事情就是和别人谈论自己的孩子。小梅就是这样一位年轻的妈妈，她和几位年轻的妈妈组建了一个年轻妈妈群，经常在群里分享育儿经验。

小梅的宝宝多多有5个月大了，胖嘟嘟的脸上经常露出可爱的笑容，上个月刚刚学会翻身，明显比以前活泼了。看着多多一天天长大，小梅非常高兴。但是，没过几天小梅就遇到了一件烦心事，她发现多多时不时地吐气泡。对此她感到非常不解，于是就在妈妈群里提出了这个问题，妈妈群里有的人说是长牙了，也有的人说是生病了，没有一个统一的答案。摸不着头脑的小梅上网去查了查。查完之后，小梅的心凉了半截。网上说，宝宝吐气泡是患了肺炎的信号。这可吓坏了小梅。肺炎是一种疾病，严重的话会有生命危险。小梅不敢再往下看了，抱起多多就要去医院。

专家解读：

大部分宝宝都会出现吐气泡的行为，而很多新手妈妈也会像小梅一样，看到宝宝的这种行为，经常会急得像热锅上的蚂蚁一样。她们还经常会被网上说的内容吓个半死。其实，宝宝大多数时候的行为都是成长过程中的正常表现，妈妈不需要太担心。

宝宝吐气泡并不意味着是生病了，它在不同情况下是传递着不同的信息。如果宝宝在百天之内出现了吐气泡的行为，并且伴有咳嗽、发烧、精神萎靡、厌奶和吐白沫的症状，妈妈就要注意了，宝宝可能是换上了肺炎，家长们应该立即带宝宝去医院，以免耽误宝宝的治疗。

如果宝宝的精神状态很好，且吃喝拉撒正常，还玩得不亦乐乎，妈妈就不要有太多担心，这只是宝宝的一种正常生理现象。由于宝宝的口腔很浅，不能够调节口腔内过多的液体，宝宝吐气泡也预示着宝宝要流口水了。这个时候妈妈最好是给宝宝准备一块儿口水巾，以免宝宝的口水淹到皮肤。

如果宝宝边吐气泡边摆弄自己的舌头，就说明宝宝已经开始学会自娱自乐了，这个时候妈妈尽量不要去打扰他们，坐在一旁静静地观察就好了。因为，不久之后宝宝就会给你投来愉快的微笑。宝宝用吐口水的方式告诉妈妈，他们想要吃东西了。这个时候妈妈就要及时地为宝宝添加辅食，这对宝宝的成长是非常重要的，既可以补充宝宝生长过程中所需的各种营养，也可以锻炼宝宝的咀嚼能力。

延伸阅读：

　　妈妈在添加辅食的时候，切忌着急，不能一次给孩子吃过多的东西，要有一个循序渐进的过程。在最开始的时候，尽量给宝宝吃一些泥状的食物，不要给宝宝吃太多，避免宝宝消化不良。同时，也要注意多给宝宝喝水，因为辅食不同于母乳和奶粉，水分的含量相对较少，容易上火。

爱咬衣服——不安感正在增加

　　宝妈：我女儿不知道从什么时候起开始爱咬衣服了，有时候玩着玩着就掀起自己衣服咬，有时候还会咬妈妈的衣服，睡觉的时候会咬被子或者是床单，我越阻止她反而越喜欢咬，这是怎么一回事呢？

　　小提示：从生理角度来说，你的孩子可能是由于缺乏某种微量元素；如果排除了这个原因，从心理方面来说的话，孩子可能是由于内心的不安感在增加，用咬衣服来安慰自己。

　　米粒儿1岁多了，是一个非常健康的孩子，很少生病，而且也是一个活泼开朗的孩子。可是最近米粒儿多了一个毛病：特别爱咬衣服，经常把衣服咬得皱皱巴巴的。妈妈心想：米粒儿是一个特别干净的孩子，怎么会咬自己的衣服呢？奶奶说她不仅咬自己的衣服，还会咬大人的衣服，睡觉的时候还会咬着小被子。这就更让妈妈疑惑了。

专家解读：

建议妈妈先去给米粒儿做一个微量元素的检查，看看孩子是否缺少某种微量元素。宝宝缺锌，就特别爱咬衣角，妈妈就要及时给宝宝补充锌，比如，多吃一些牡蛎、鲱鱼、虾皮、紫菜、鱼粉、芝麻、花生、南瓜子等食物，如果宝宝缺锌很严重的话，就要带宝宝去看医生了。如果宝宝什么都不缺的话，那么妈妈就要看看宝宝是不是长牙了，宝宝在长牙的时候，牙龈会很痒，他们就喜欢咬东西。

如果以上两种原因都排除在外的话，就要从心理方面来考虑了，从心理学角度来说，宝宝咬衣服是因为他们内心的不安感在增加，心里感到焦虑。小宝宝是不善于表达自己的意愿和情绪的，除了哭，他们还会咬衣角来安慰自己，让自己获得情感上的依赖。别看孩子小，其实他们的感情还是非常丰富的。米粒儿的妈妈忙于工作，可能对于米粒儿的陪伴就会减少，导致了米粒儿心里的不安，担心妈妈是不是不喜欢自己了，妈妈为什么不陪自己玩呢。虽然妈妈进行了解释，但是小孩子的理解能力还是有限的。当妈妈让她去找奶奶玩的时候，她内心的不安又继续增加了，也就咬了妈妈一口。

延伸阅读：

孩子出现不安的原因多半是由于缺少父母的陪伴引起的。父母忙于工作，将孩子交给老人带，有的父母经常会忽略孩子的这种行为，忽略他们内心的不安。其实，孩子的这种行为应该受到父母的高度重视。

因为宝宝的这一行为长期发展下去，会对宝宝的一生都产生不良的影响，它会影响到孩子性格的形成和人格的健全。当宝宝出现了这种行为，妈妈要及时寻找原因，不要一味地进行阻止或者是责备，这样都会给孩子带来心理压力。通常情况下，引起孩子不安的原因主要有以下几个。

1. 妈妈突然不见了

妈妈突然消失，会让孩子内心的不安感迅速上升。对于孩子来说，妈妈是他们最重要也是最亲近的人。如果妈妈不见了，对于他们的影响是可想而知的。当宝宝因为妈妈的突然离开或者是缺少妈妈的陪伴出现了不安的状态时，妈妈可以告诉宝宝自己要去干什么，什么时候回来，然后和宝宝说"再见"。也可以笑着给宝宝一个飞吻，让宝宝也给自己一个飞吻。如果宝宝哭闹的话，妈妈也不要偷偷地离开，否则会更加增加宝宝的不安情绪，他们会哭得更加厉害，影响到你们之间的关系。

对于宝宝来说，一次的突然消失就预示着妈妈可能会随时随地消失，那么他们就会随时随地处于不安的情绪当中，久而久之就会形成多疑、不安、焦虑的性格。

因此，妈妈要懂得宝宝和自己分离的时候会不高兴，这是他们正常的情绪宣泄。当你养成了良好的告别习惯，那么宝宝也就会知道你的离开是暂时的，你不能陪伴他也是暂时的，你还是会回来的。

2. 被不认识的人抱起来

欣欣7个月了，有一次家里来了客人。客人看到欣欣非常喜欢，就马上把她抱了起来。被抱起来的欣欣盯着客人看了好一会儿，然后又看妈妈，又看看客人。每次看妈妈的表情都是非常委屈的，见妈妈没有抱她，就噘起小嘴哭了起来，妈妈赶忙将欣欣接了过来。欣欣在妈妈的肩膀上使劲蹭了蹭，咬住妈妈的衣服不放，生怕妈妈再丢下她。

当宝宝突然被不熟悉的人抱起来时，他们也会产生不安的感觉，这个时候妈妈就要将宝宝接过来，并且对宝宝说："宝宝不要怕，她不是坏人，她是妈妈的朋友。"在说话的同时，最好是和客人做出友好的动作，这会减轻宝宝内心的不安。

对某种物品的依赖——独立的一种表现方式

♪ **宝妈：**最近我家孩子睡觉时很喜欢抱着一只毛绒小海豚，到哪里都要带着，好像没有它就睡不着觉似的。有的时候感觉这只小海豚比我还重要呢。

小提示：孩子对于某种物品的依赖，其实是他们独立的另一种表现。对于物品的依恋，只是他们满足心理需求的一种表现，如果你的孩子对某件物品情有独钟，表明你的孩子已经开始走向独立了。

Kim 今年 4 岁多了，他有一只非常喜欢的毛绒玩具熊叫"小黄"。这是他 1 岁生日时爸爸送给他的生日礼物，所以 Kim 就更加喜欢他了，走到哪里都想要带着，睡觉的时候也要抱着，而且还不让别人碰。有一次，小姨家的宝宝来家里做客。小妹妹似乎也对"小黄"产生了浓厚的兴趣，吵着要玩儿，Kim 虽然非常不乐意，但还是让小妹妹玩了一会儿。当小妹妹要走的时候，对"小黄"仍然恋恋不舍，吵着要带走，这触碰到了 Kim 的"底线"，他说什么都不同意，无论妈妈怎么劝说就是不行。小姨只好抱着哭闹的妹妹走了。之后，妈妈将Kim批评了一顿，Kim非常委屈地哭了。妈妈看着委屈的Kim，产生了疑惑：为什么一只普通的玩具会让儿子这么痴迷，孩子的心理是不是有什么问题呢？

专家解读：

其实，这种现象非常普遍。每个孩子都会有自己依恋的物品，除了玩具，他们还可能对自己经常盖的被子，经常穿的衣服产生依赖，仿佛只有这些东西在身边他们才能睡得踏实，睡得安稳。这并不是一种心理疾病，而是孩子通过这些物品来满足自己多方面的心理需求。

在孩子的眼里，这些不仅仅是简单的玩具、生活必需品，他们将这些物品赋予了很多特殊的意义。随着年龄的增长，父母不可能经常陪在孩子身边，为了替代对于父母的依赖，为了给予自己安慰，他们就会找一些固定的物品作为感情寄托，从而得到心理上的满足。

人类从婴儿时期开始，就会通过各种感官来满足探索的需求以及情绪上的安抚。比如：为了满足口腔吸吮的愿望，宝宝就会通过吃奶嘴、吃手指来满足；为了体会到舒适的触觉体验，有的孩子经常会摸一些柔软的毛绒玩具或是毛毯等。当他们必须要学着独立的时候，当父母离开的时候，他们就会选择一些固定的物品，他们可以随意支配的物品，从中寻找到父母的气息，从而让自己获得安全感，有了它们的陪伴，就好比自己的父母在身边一样。久而久之，孩子就会减少对于父母的依赖。当父母离开的时候，他们就会用这些物品来安慰自己，鼓励自己，让自己更加勇敢、独立。这是孩子在用一种积极的方法适应独立。

通常情况下，孩子产生依恋的物品多是毛绒玩具、被子等这类柔软，可以进行亲身接触的物品。因为这些东西能够给他们带来温暖，能够进行肌肤上的接触，就好像妈妈的怀抱一样，会让他们有足够的安全感。

人在一定程度上是需要肌肤接触的，尤其是对于婴幼儿时期的宝宝，他们的需求就更为强烈。所以，孩子会依恋上洋娃娃、毛巾、被子等这些柔软的东西，通过舒适的身体接触让自己放松下来，更好地适应"一个人的世界"。

人从离开母体的时候就缺少安全感，虽然随着年龄的增长，安全感会慢慢增加，但这是一个循序渐进的过程。有的人到成年了，仍然会对某件物品有着强烈的依赖，更何况是一个几岁的孩子呢。所以，家长不要过分担心孩子的这种行为，要正确看待孩子的这种行为，要选择性地满足孩子的这种需求。因为，这毕竟是他们幼小心灵的一种寄托，是没有掺杂任何杂质的纯真感情。

延伸阅读：

孩子对于物品的依赖并不是普遍存在的一种现象，有的孩子可能有着很强烈的依赖心理，有的孩子则是对任何物品都没有表现出强烈的兴趣，这是什么原因呢？父母会认为这样的孩子是不是"太冷血"了呢？

心理学认为，孩子长到两个月大的时候，对于环境和情绪会呈现出不同的反应，这就是为什么有的孩子受了委屈会马上号啕大哭，而有的孩子则能够隐忍。孩子对于物品的依赖也是同样的道理，有的孩子对事情不太敏感，他们对于父母的离开不会太在意，或者是他们会用不同的方式来对自己安慰，比如吃手指等。对于事情比较敏感的孩子来说，他们就会比较容易形成对于物品的依赖，需要通过真实存在的东西进行自我安慰。

虽然依恋物品是孩子的一种正常表现，但是家长还是会有各种各样的担心。比如：

（1）孩子的这种"恋物情节"会持续多长时间呢？长大了会不会对孩子有什么影响呢？随着孩子年龄的增长，当孩子的心智越来越成熟的时候，他们的人际关系不断扩大，这些将会分散他们的注意力，大多数的孩子也就会渐渐地减少对这些替代性物品的依赖，直到有一天他们会完全放弃对于物品的依恋。至于什么时候放弃，这是没有一个具体的年龄范围的。有的孩子可能在上幼儿园之后，有了更多的活动，有了更多的朋友，他们就会放弃曾经依恋的物品。有的孩子感情比较丰富，他们可能会持续到上小学，甚至是中学。等到他们的心智更加成熟，就会逐渐放弃自己所依恋的物品。

（2）"孩子会不会不'爱'我了？"虽然孩子不再那么黏人了，但是家长们在看到孩子抱着一个洋娃娃就能睡得很香，"小醋坛子"就会很容易打翻，心里会想：难道我还不如一个玩具了吗？孩子是不是不爱我了啊。父母的这种担心是完全没有必要的。儿童心理学家说："父母是不用担心自己是否有足够的能力让孩子感到安慰和舒适。因为父母在他们心中的地位是无可取代的，他们对于物品的依赖，就好像是在告诉爸爸妈妈：'你们放心去工作吧，我自己可以的，我仍然是最爱你们的'。"所以，爸爸妈妈是完全不用担心玩具会抢走孩子对于自己的爱。

（3）"孩子的恋物行为需要纠正吗？"人们或许会认为孩子"恋物"长大之后会有心理问题，其实这是一个误区。儿童心理专家认为："恋物"在孩子的成长中起着非常重要的作用，他能够让孩子学会在困难面前进行自我安慰。因此，在大多数情况下，孩子的"恋物"行为是不需要纠正的。通常，只要孩子的情绪、举止等方面没有异常表现，依恋的物品也不是什么特殊的物品，那么他们的行为就是正常的，这种行为会随着年龄的增长而逐渐消失。如果孩子非要盖着经常盖的被子睡觉，或者是必须抱着枕头睡觉，这样的情况是不需要父母强制干涉的，更不要将孩子的物品拿走。这时父母要做的是保证物品的安全卫生就可以了。

如果孩子对于物品的依赖程度没有影响到孩子的正常生活作息，家长们是不需要过分担心的。如果孩子的依恋状态达到了疯狂的程度，一天都离不开依恋物，没有依恋物就大哭大闹，这时候就要引起父母的高度重视了。有的孩子可能对安抚奶嘴有着强烈的依赖性。要一直含在嘴里，只要拿走奶嘴,他们就会大哭闹。所以,父母们不要经常给孩子使用安抚奶嘴,这对于他们的牙齿生长是非常不利的,经常含在嘴里还会滋生细菌,容易引起口腔疾病。除此之外,长期含着奶嘴,也会影响宝宝说话的机会,会对他们的语言学习造成障碍。虽然孩子对于物品的依恋不会对成长产生消极的影响,但是爸爸妈妈也要注意产生这种行为的源头。父母要及时关注孩子安全感的缺失,当孩子对于物品的依恋达到了偏执的状态,父母就要进行干预了。

那么,父母应该如何让孩子有一个正确的"恋物情节"呢?

(1)给予孩子足够的安全感。有的孩子可能比较幸福,妈妈不用上班会一直陪在身边;而有的妈妈可能在孩子4个多月的时候就要去上班,陪伴孩子的时间就会少了。无论是哪一种情况,妈妈只要有时间就要多抱抱孩子,多和他们进行身体上的接触,多和他们做游戏,多和他们进行语言交流,让他们的生活丰富起来,在一定程度上就会转移他们的注意力,减少对物品的依赖。

(2)做好睡前的安抚工作。有些孩子之所以会过分依赖某种物品,是因为他们在睡觉前极度缺乏安全感。有的家长可能为了图自己轻松,或者为了锻炼孩子自己独立入睡的能力,经常会让孩子抱着一个玩具自己去睡觉。其实,这是一种不正确的做法,当你总是让孩子抱着自己的玩具入睡,让孩子从玩具当中寻找到安全感,那孩子自然而然也就会养成过分依赖玩具的习惯。所以,家长最好是在孩子睡前陪孩子一会儿,等到他睡着或者睡沉的时候再轻轻离开,让孩子安心地进入睡眠,那么他也就不会对被子玩具等物品过分依赖了。

(3)让孩子"三心二意"。孩子对于物品的依恋其实也是一种"专一"的表现。90%以上的孩子依恋的物品是被子、枕头、洋娃娃等。妈妈在买这些物品的时候,可以多买几个,孩子就很难对某个物品"情有独钟"了。多准备几床被子和毛绒玩具,让孩子在行使选择权的时候,也会让他们明白,这些物品是没有生命的,并不是独一无二的,这样孩子就不会过分地钟情于它们了。除此之外,还要多带孩子出去,让孩子多接触人,接触大自然,开阔孩子的视野,让孩子的性格变得开朗一些,对于物品的依恋程度也就会减轻。

交换东西——良好人际交往的开始

宝妈:最近我家宝宝总是喜欢拿自己的东西去换一些别人的东西,总感觉别人的东西比自己的好。有的时候,换回来的东西并没有自己的东西好,但他仍然乐此不疲。

小提示:并不是别人家的东西好,而是你的孩子开始懂得人际交往了。

铮铮今年3岁,刚刚上幼儿园。有一天上幼儿园之前,他将一个毛绒玩具装进了自己的书包里,妈妈好奇地问:"你拿它干什么呢,幼儿园也不是没有玩具。"铮铮笑着说:"我要和陈陈换一个玩具,他说他的玩具非常好玩呢。"

晚上铮铮从幼儿园回来,刚到家,铮铮就从书包里拿出他的"战利品",兴高采烈地对妈妈说:"妈妈,你看这是陈陈的玩具,可好玩了,它会在地上爬呢。"妈妈拿过来一看,不过是一只很小的玩具毛毛虫。妈妈皱着眉头说:"傻儿子啊,你用一只那么大的毛绒玩具就换回来了这么小的一只毛毛虫啊。咱们家不是有那么多类似的玩具吗,陈陈的好在哪里呢?"看着专心致志玩玩具的儿子,妈妈无可奈何地摇了摇头。

专家解读：

这其实是孩子之间的一种交往行为。随着年龄的增长，孩子不断和人接触，他们也是需要交朋友，需要友谊的。当他们用一块饼干获得了一份友谊的时候，当他们有朋友和自己一起玩耍的时候，当他们通过友谊获得乐趣的时候，或许是为了获得一份长久的友谊，他们就会用自己喜欢的玩具、衣服等实物来交换，以此来稳固他们之间的友谊。孩子之间的交换与物品价值的平等没有关系，他们看重的是一份友谊。同时，这也是孩子人际关系意识自然发展的一种表现，是孩子进行人际交往的基础，是孩子成长的一种表现。

延伸阅读：

孩子的世界是简单的，他们为了维护自己的友谊，经常会"不等价交换"。他们可能会用一辆玩具汽车换回一张并不是很起眼的画报，用一本书换取一张贴画。因为物品之前的价值相距太大，虽然孩子乐在其中，但是爸爸妈妈难免会对这种交换产生质疑。

其实，"等价交换"只是成人用金钱标准来衡量的。在孩子的世界当中，他们并没有金钱的概念，在他们看来，用自己最珍贵、最喜欢的东西与自己的朋友进行交换，那么这两份物品就是一样的，而且用自己最珍贵的东西换来一份长久的友谊，这种交换就是值得的，也是合理的。

因此，家长们不要过于担心孩子的这种"不等价交换"，不要担心孩子是否会"吃亏"或者是"占便宜"。如果你强行地在孩子的意识中灌输成人的思想，那么就会影响到孩子的人际交往。如果没有一个良好的开端，对于孩子以后的人际交往能力也会产生重大的影响。试想，如果做什么都要以金钱来衡量的话，孩子就不会对人敞开自己的心扉；什么都要等价交换的话，孩子就不会得到真正的友谊。

那么父母应该如何应对孩子的交换行为呢？

1. 不要在孩子的意识中灌输成人的思想

对于3～6岁的孩子来说，互相交换东西是朋友之间交往的方式之一，父母不应该用成人的方式去看待这件事情。如果将"吃亏""占便宜"等这些思想灌输到孩子的意识当中，就会打击孩子的自信心，会让他们觉得这是一种错误的行为，是不应该提倡的，他们也许就会停止交换行为，那么也会在一定程度上影响到孩子和他人之间的交往。

2. 避免孩子反复无常

小孩子的情绪变化总是很快的，有时他们可能在交换的时候很喜欢这件东西，没准过了一会儿就不喜欢了，就要反悔不和小朋友交换了。家长们一定要注意不能助长孩子的这种倾向。一定告诉孩子，做事前要认真思考做过的事情就不要反悔，要遵守自己的承诺，要对自己做过的事情负责，不能够说变就变。这样的孩子才会有担当，同时也能够更好地维护孩子之间的友谊。如果家长纵容孩子这种反复无常的行为，孩子就会不计后果地做事，甚至导致更严重的事情发生。

3. 鼓励孩子相互交换，相互赠送

当孩子出现交换行为的时候，父母一定要理解孩子，鼓励他们进行交换，通过交换东西获得友谊。但是也要进行正确的引导，要让他们懂得"礼轻情意重"，不要让他们形成只有通过物品才能交到朋友的意识。

喜欢插话——自我表现的一种方式

宝妈：我家孩子整天跟个小话痨似的，总是说个不停，最烦人的是总爱打断别人说话，有时候我和他爸爸商量点什么事情，她总是过来插话，打断我们的谈话，真的是拿她没办法。这是正常的现象吗？

小提示：其实，这是孩子自我表现的一种方式。

我的女儿叫米粒，4岁多了，是一个性格开朗的小姑娘，特别爱笑。平时自己玩的时候也挺安静的，也不闹人。但是只要我和他爸爸说点什么的时候，她就坐不住了，总是跑过来插话、抢话。当我们俩都不说话了，她还黏着我俩都要和她说话。

有一次，我的同事到家里做客，和客人打过招呼之后。我和她说："你自己去玩一会儿，妈妈和阿姨聊会儿天好不好？"她点了点头就玩玩具去了。

于是，我就和同事聊了起来，聊得正尽兴的时候，好像有些话题她听懂了似的，似乎联想到了什么，就立刻跑过来，大声说："阿姨，听我说，听我说，我最喜欢看的童话书是白雪公主，你可以给小妹妹读这个故事书，她也一定会喜欢的，我特别喜欢白雪公主。"

她突如其来的介入，让我和同事都不知道说什么好了。我也觉得非常不好意思，但是当着同事的面，我又不好意思训斥她，怕说得太严重，她会哭得很严重，到时候我就更没面子了。于是就对她说："米粒儿啊，是

举止古怪，那是宝宝成长的信号

不是动画片开始了，你去看动画片吧。"她好像还没有说尽兴，但是看到我的脸色不对了，就乖乖地去看电视了。女儿这么爱打断别人说话，真的很担心她会遭到别人的讨厌，孩子长大之后如果还是这样是不是不会有人喜欢她呢？

专家解读：

一般情况下，爱插话的孩子都性格开朗，活泼大方，善于沟通和表达。但是孩子突然地打断别人说话，确实是一种没有礼貌的行为。这种行为会让家长十分恼火，但是只要你了解孩子的内心世界，你就会明白，孩子并不是有意打断你们的谈话。这主要是由于他们的年龄特征引起的。处在这个时期的孩子，他们非常想表现自己，你们之间的谈话也许他能听懂，他想用自己看到的，听到的，学到的，来加入你们的谈话，想用自己的力量来帮助你们解决一些"问题"，让你们注意到他的存在，肯定他的表现。有时候，当他们听到不懂的问题之后，也会有一颗好奇心，总是想要将事情弄个明白，就会问东问西的。作为家长，虽然心中有些不悦，但还是要尽力保持平静，让孩子把话说完后再告诉他，打断别人说话是一种不礼貌的行为。

延伸阅读：

家长如何纠正孩子这种不礼貌的行为呢？这首先需要爸爸妈妈们了解孩子插话的原因。

1. "爸爸妈妈快看我"

在孩子的心中，他们是父母的中心，父母应该时刻都要将注意力集中到自己的身上。爸爸妈妈平时都是围着自己转的，如果爸爸妈妈将重心转移到别的事情上，和别人聊天，他们就会有一种失落感，他们就会想：妈妈为什么不搭理我了，妈妈是不是把我忘了啊。于是，他们就会打断爸爸妈妈妈和别人之间的谈话，通过这样的方式提醒父母自己的存在，要重视自己。

如果孩子是基于这种情况打断你和别人之间的谈话，最好是让孩子受到关注。当爸爸妈妈和别人谈话的时候，要先郑重地向客人介绍自己的孩子，这会让孩子受到重视，认为自己很重要。宝宝的心理需求得到了满足，也就不会随便来打扰你和别人的谈话了。

2. 谈话内容引起了宝宝的兴趣

宝宝在成长的过程中，对于周围的事物充满了好奇，因为好奇心越来越强烈，任何事情他们都想要弄个清楚。当爸爸妈妈和别人进行谈话的时候，有些话题可能会引起他们的兴趣，他们想要探究个究竟，于是就会不管不顾地不停问为什么，希望能够得到解答。有的时候，你们的谈话内容，也许他们知道一些，就会想要将自己所知道的告诉你。

如果是这样的情况，父母要尽量给孩子一个说话的机会。如果孩子所说的和大人们正在讨论的话题有关系的话，最好是让孩子参与到谈话当中来。在给予他正确回答的时候，也要引导孩子学会正确地思考，如何正确地和别人沟通。如果宝宝有一些不懂的问题，爸爸妈妈最好是抽出一些时间与孩子进行探讨。

如果爸爸妈妈只是粗暴地拒绝孩子，非常生气地让孩子不要打断你们之间的谈话，那么就会打击孩子的好奇心和积极性，他们也就不愿意再去思考和提问。而且，你的态度也会直接影响到他对别人的态度。

3. 客人的到访打乱了原定的计划

原本你和孩子约好了要一起做一件事情，但是因为客人的突然到访，影响到了你们的计划。那么孩子就会非常的不情愿，他们就会用各种办法去打断你们之间的谈话，以此来提醒爸爸妈妈："你答应我的事情还没有做呢。"

针对这样的情况，父母一定不能忽略孩子的感受，一定要给孩子一个好的解释。其实，孩子是非常好"糊弄"的，他们也是非常通情达理的。有的时候一句简单的话或者是一个轻柔的安抚动作，就会让宝宝的情绪有所好转。当你忘记或者要推迟给予孩子的承诺，最好是在你们的谈话之前给孩子一个解释，一个道歉，一个安慰，一个拥抱或者是一个亲吻。你可以对宝宝说："妈妈现在有点事情要处理，妈妈没有忘了和你之间的承诺，只不过我们会晚一点去完成，你自己先去玩一会儿好不好。妈妈和阿姨谈完话就和你去好不好。"要告知孩子等待的具体时间，要让他知道你和客人谈完话就会去履行你的承诺。虽然孩子还没有太多的时间概念，但是你郑重其事地告诉他，他就会有一种被尊重的感觉，受到了尊重，那么他自然也就会尊重你和客人之间的谈话。

4."好无聊，没有事情可以做"

当爸爸妈妈和别人聊天的时候，孩子没有事情做，或者是没有什么可玩的，他们就会感到无聊，看到你们聊得正欢，就会觉得你们之前的谈话很有意思，于是就想要加入到谈话当中。

这个时候，爸爸妈妈要给孩子找点事情做，转移孩子的注意力，给孩子找一些书或者是能够吸引他的玩具。当他被别的东西吸引了，自然也就不会打扰大人们的谈话了。

模仿——智力发展的关键一步

宝妈：最近我家孩子总是喜欢模仿别人，你做什么他就跟着做什么，你说什么他就跟着说什么，这到底是怎么一回事呢？

(小提示)：这是孩子一种正常的行为，对于孩子的智力开发有着很重要的作用。

浩浩今年3岁，最近他的妈妈发现了一个问题，他特别爱模仿人。别人做什么，他就做什么，别人说什么，他就说什么。比如，有的小朋友说饿了，他就会去找妈妈要吃的。别人玩的玩具他也特别想玩，有的时候明明自己有玩具，却非要去抢人家的，经常和人家发生争执，总是和别人闹得很不愉快。有的时候，爸爸给别人打电话，他还总是重复爸爸的话。他就像个"八哥"和"跟屁虫"一样，总是在模仿别人说话和别人的动作。

专家解读：

三四岁的孩子模仿别人的行为是非常正常的。孩子的学习通常都是从模仿开始的。孩子模仿别人，说明他具备了一定的理解能力，他开始观察别人并且学习别人。像学说话、做动作、做表情、做积木、看电视重复台词等，这些都是孩子通过模仿逐渐形成的能力。如果你的宝宝和别的小朋友玩一样的玩具，做同样的事，说同样的话，就说明他的模仿能力和表现能力都是非常不错的。

延伸阅读：

虽然模仿别人有助于智力的开发，但并不利于孩子个性的培养。因此，当孩子三四岁之后，家长就要注意孩子的个性培养。

一直模仿别人的行为，会让孩子失去自我意识，埋没孩子的创新能力。经常模仿别人说话和做事情，孩子关注到的只是外表上的变化，并没有意识到产生这种变化的原因，总是跟着别人的反应做出反应，很少自主动脑筋去想事情的前因后果，这样会影响孩子自己的思考能力和自身长处的发挥。

除此之外，如果宝宝总是跟着别人学，玩一样的玩具，抢同一个玩具，也会引起很多矛盾，这对孩子的人际交往是非常不利的。在人际交往中有过多的冲突出现，而且孩子总是处在一个"没有理"的被动局面，这会给孩子带来很大的心理压力，影响孩子的自尊心和自信心。

家里如果由老人照顾孩子，父母们也要多加注意。老人们总是喜欢包办孩子的一切事情，这样孩子独立思考的能力会缺失，没有自己的主意。如果孩子总是和自己大的哥哥姐姐或者是比较"霸道"的孩子一起玩儿，孩子的行为也会受到限制，他们会变得从众，缺乏自己的主意。

因此个性的培养是十分重要的。那么家长应该如何培养孩子的个性呢？

首先，父母应该多和孩子做一些有创造性的游戏，比如堆积木，让孩子摆出不同的造型，摆完造型之后可以对孩子说："你做的造型真的很独特，你是怎么想到的呢，你真的很棒。"要尽量强调宝宝的独特的想法，要对宝宝的独特性进行肯定。宝宝就会更加专注自己脑子里的想法，也就会更加热衷于创新，让孩子享受创造的过程。但是，父母在对孩子进行肯定的时候也要保持一个平和的心态，不要太夸张，以免宝宝滋生骄傲自满的心理。

其次，父母要培养孩子自己的事情自己做，按照孩子自己的意愿去做，不要总是对孩子的行为强加干涉。如果孩子经常和年长的孩子或者是"霸道"型的孩子玩耍，父母要注意他们之间的关系，要避免孩子因为强弱关系而形成的顺从个性。父母最好是引导孩子和性格相对较为平和的孩子一起玩耍，这样双方都可以将自己的想法表达出来，不仅能避免冲突的产生，孩子的个性也能够很好地彰显出来。

抢东西——占有欲的萌芽

♪ **宝妈**：最近我家孩子总是喜欢抢别人的东西，有的时候看到别人手里拿着玩具，趁你不注意的时候，顺手就抢了过来，经常会把小朋友惹哭，我都不敢带他出去了。

(小提示)：这是孩子的占有欲开始萌芽了。虽然这是成长过程中会出现的一种行为，但是需要宝妈正确地去引导。因为这一行为如果不加以引导的话，会造成非常严重的后果的。

聪聪快2岁了，有着一颗好奇心，对周围的人和事情充满了兴趣。为了培养聪聪的人际交往能力，爸爸妈妈叮嘱聪聪的奶奶要每天带孩子去楼下和其他小朋友一起玩儿。刚开始的时候，聪聪由于认生，不能够很好地和小朋友一起玩儿，渐渐熟悉之后，就和小朋友玩得越来越好。这让聪聪的爸爸妈妈非常高兴。

有一天，妈妈下班刚进门，奶奶就走过来对妈妈说："聪聪今天抢了别的小朋友的一个玩具，我给他拿了一个玩具，让他玩自己的，可是他就是不玩，非要抢人家的，把人家给惹哭了。"

妈妈听完之后，走过去对聪聪说："抢别的小朋友玩具是不对的，聪聪自己有玩具，为什么要抢其他小朋友的呢？"聪聪噘着小嘴说："因为他们的好玩儿啊，我喜欢他们的玩具。"

妈妈接着说："但那是别人的玩具，就算是你想玩也不能抢，你可以和他们一起玩儿啊，如果你喜欢的话也可以和爸爸妈妈说，爸爸妈妈给你买。"聪聪点了点头。

第二天，妈妈回来之后，奶奶又向妈妈告状了，今天聪聪又抢小朋友的玩具了。于是妈妈又对聪聪进行了一番说教，但是好像并没有起多大作用。

聪聪每次和小朋友一起玩儿的时候，看见自己喜欢的东西就要去抢。刚开始的时候，家长们会说服自己的孩子把玩具让给他玩一会儿，但是时间久了，其他家长们也开始反感了，就不再和聪聪一起玩儿了。看到聪聪来了，就将自己的孩子带走。每次都是聪聪和奶奶孤独地在小区里玩儿。这让聪聪的妈妈十分头疼。

专家解读：

聪聪的这种行为是十分常见的。对于孩子来说，别人的东西总是非常新鲜的，如果是自己没有的就更想要了，他们就会去和小朋友要，但是有的时候可能会遭到拒绝，他们就只好下手去"抢"了。其实，这并不是一种恶意的行为，而是占有欲开始萌芽出现的一种本能行为。他们喜欢的东西就要拥有它，而是不会去考虑拥有的方式和方法的。这是一种很正常的现象，家长们不需要太过紧张，但是也不可以掉以轻心，如果不进行正确的引导，那么孩子就会变得很霸道，令人十分讨厌。家长们要教导孩子学会用积极的方式去获得东西，这样还能够获得友谊。这对孩子来说是非常有意义的。

延伸阅读：

家长们在面对这个问题的时候应该注意哪些问题呢？如何让宝宝有一个积极正确的方法呢？

首先应该让宝宝懂得：自己的东西要自己做主，别人的东西应该由别人来做主。这是宝宝学会和别人进行相处非常重要的一步。但是，对于宝宝来说这是一个非常抽象的概念，要让他们真正地理解是非常困难的事情。因为宝宝还小，思维能力并没有发育完善，这个时候的宝宝对香蕉、苹果等这些具体事物理解起来很容易，但是抽象思维能力仍然是处在一个基础萌芽的阶段。爸爸妈妈需要了解这一点，要多理解宝宝，多一些耐心。家长们可以通过以下几个方法来进行。

1. 让宝宝学会支配自己的东西

属于自己的东西，是可以自由支配的，自己有权利决定东西是否可以借给他人或者是赠送给他人。爸爸妈妈可以在家里和宝宝做一些互借东西的游戏。刚开始的时候，爸爸妈妈可以多做一些示范：在多数情况下是可以借出的，如果不借出的话也要解释清楚原因，被拒绝的一方应该表现出理解和接纳的态度，要高兴地表示放弃。在和宝宝做游戏的时候，尽量不要干预宝宝的想法，要让他们自己去做决定，宝宝也会通过具体的示范，渐渐理解东西应该如何获得或者是如何支配自己的东西。

2. 告诉宝宝获得别人的东西必须征求别人的同意

既然自己的东西可以自己支配，那么别人的东西也是需要别人进行支配。要想获得别人的东西，或者是使用别人的东西，是需要征求别人的同意。

爸爸妈妈最好是细心观察宝宝在集体活动中的表现，当发现宝宝有拿其他人东西欲望的时候，就要及时地告诉他，拿别人的东西是需要征得别人同意的，就像别人拿你的东西也要征得你的同意一样。比如，聪聪在抢别人玩具的时候，奶奶可以对聪聪说："聪聪，奶奶知道你喜欢这个变形金刚，但它是欢欢的东西，如果你想玩儿，你应该先征得欢欢的同意。"这在一定程度上是能够防止孩子抢东西的现象发生的。但是，有的宝宝可能交往能力比较强，有的宝宝可能就弱一点，他们会不好意思去和其他人借，这个时候爸爸妈妈就要根据不同的情况给予宝宝不同的帮助。对于那些不擅长交流或者不爱说话的宝宝，爸爸妈妈可以帮助他们把事情说出来，经过几次帮助之后，家长们要鼓励宝宝自己将事情说出来，自己去借东西。

3. 通过轮流交换的方式让孩子学会分享

我们可以交给孩子一些具体的技巧，让小朋友之间的交往轻松愉快地进行。比如，每次出门的时候可以让宝宝带一个特有的玩具，让他和其他宝宝的玩具进行交换，这样双方的好奇感都能够得到满足，都有一种成就感，他们也就会很乐于交换，从而有效地避免抢玩具的事情发生。

4. 让宝宝获得心理平衡

如果宝宝遭到了拒绝，家长们应该告诉宝宝别的小朋友为什么不给他玩具，要让宝宝在没有获得玩具的情况下获得心理上的平衡，从而将注意力转移到其他让他们感兴趣的事物上。

"搞破坏"
是宝宝认知世界的一种方式

不知道从什么时候起,孩子变成了一个"熊孩子"了:他们不再是那个胖嘟嘟一逗就笑的家伙了;他们也不是吃饱就睡的乖乖宝贝了;他们开始在墙上胡乱涂抹;他们开始喜欢在人前尽情地"发疯";他们总是翻来动去闲不住,经常把家里搞得乱七八糟,乌烟瘴气。妈妈们经常追在孩子的屁股后面收拾,但是无奈孩子的破坏力太强大了。父母对他们的"作品"总是无可奈何,但是他们对自己的作品却是津津乐道。虽然有时候会将自己搞得很狼狈,但是他们却并没有停下脚步,仍然不知疲惫地前行,搞乱的花样不断翻新。这是他们开始有了自我意识,开始懂得维护自己的权益,开始懂得表现,开始想要获得别人的表扬,开始想要获得存在感。与其说这是"破坏",不如说是孩子的一种成长方式,是对于世界的一种认知。

胡乱涂鸦——宝宝创造力的萌芽

宝妈：最近宝宝总是喜欢在家里乱涂乱画，家里到处都是他的"作品"，怎么说也不听，真的是非常烦人。

小提示：其实那并不是宝宝故意的，只是他们成长过程中一个必经阶段，虽然他们给家里制造了麻烦，但那却是宝宝创造力的萌芽，妈妈大可不必烦恼了。

豆豆今年2岁了，是一个活泼好动的小家伙，但是最近他又迷上了一个新的活动：经常拿着笔在家里面到处乱画，把家里的墙上、衣服、床单、沙发上都画得乱七八糟的。只有在妈妈的监督下才能够在纸上安静地画一会，但是只要妈妈一离开，他就又开始了到处乱画，经常是搞得妈妈手足无措。

看着豆豆的这些"作品"，妈妈是既生气又无奈。于是，就对豆豆展开了严厉的教育，虽然当时豆豆是点头答应的，但是过后仍然是一如既往地乱画，这让豆豆妈妈十分苦恼。

"搞破坏"是宝宝认知世界的一种方式

专家解读：

美国著名儿童美术教育学家罗恩菲尔德认为，涂鸦最初发生的阶段开始于孩子18个月大时，到三四岁结束。涂鸦与儿童动觉的发展以及视动经验有关，它是儿童练习和发展大肌肉整合运动以及精细动作控制的过程。罗恩菲尔德把儿童涂鸦分为4个阶段：首先，无序、无控制的运动，画面常出现混乱和无组织状态；其次，线形涂鸦，重复动作，建立起一些动作活动的协调性和控制感；再次，圆形涂鸦，对动作表现出更高的控制能力，这需要更多的运动能力和更复杂的动作；最后，命名涂鸦，儿童把动作与想象经验联系起来，从单纯的肌肉运动转向想象思维。因此，在涂鸦的不同阶段，儿童练习了对自己身体不同的控制能力。

延伸阅读：

对于孩子来说，他们每个人都是天生的"小画家"，每个孩子对于"涂鸦"这项活动都是十分的情有独钟。因为他们可以在涂鸦过程中尽情地享受随心所欲的乐趣。虽然开始时他们只是简简单单地画一些不规则的圆圈、线条，在家长看来这些都是一些没有太多意义的乱画，其实不然，孩子的这种乱画行为正是他们绘画天赋和创造能力的展现，同样也是他们感知和动作发展与协调的阶段。这个时候有的家长就会认为，既然他们这么喜欢画，那就直接将他们送进早教班，让他们在正规的教育中进行创造不是更好吗？

事实却不是这样的。在孩子看来，涂鸦只是呈现他们对于看到的世界的一种方式，也就是他们对于这个世界的想法和观点，每个阶段的孩子对于世界的理解都是不一样的。一岁的孩子他们所展现出来的可能就是他们那个阶段的想法和思考，两岁的孩子可能就会从不同的视角去展现。所以说，父母应该正确地看待孩子的这种绘画行为，让它成为孩子和父母相互认识、相互了解的一种方式，一个通道，而不是站在成人的角度上去关注他们是否能够画出一个东西，或者是否能够学到一个技巧。如果早早地就将他们送进早教班，程式化的教育可能会扼杀孩子的绘画天赋以及随心所欲的创造力。

还有另外一个原因，对于绘画敏感期的孩子来说，他们是不仅仅只满足于在纸上创造的，有时候就算是给他们提供了好的画纸，他们也只是乱画一气，很快就会失去兴趣，他们就会去寻找更加有趣的、更加新奇的绘画地点。因为纸的质感和床单是不一样的，光滑的床单能够使他们感觉到物体和肌肤相接触时的质感；在瓷砖上画画的时候能够有光滑的感觉，这对于他们来说是十分新鲜和有趣的。这种行为正是他们感知和动作在发展过程中对于新鲜事物的不断探索。

总的来说，孩子的这种乱涂乱画的过程，既可以锻炼他们手指的灵活性，又可以锻炼他们对于事物的观察能力和模仿能力以及对事物的再现和整合能力，同时也可以增强他们对于色彩的欣赏能力和运用能力，进一步提升他们的想象力和创造力。涂鸦在孩子的成长过程中，起到了多元化的作用。涂鸦让孩子在自由的想象中成长，让他们获得了身体和精神上的双重满足。

所以说，作为父母一定要正确地看待孩子的这种行为。给他们提供一个良好的涂鸦环境，多多地给予他们赞扬，不断地激发他们在涂鸦过程中的创造力。与此同时也要注意孩子在涂鸦过程中的安全问题：选择安全的彩笔，防止伤害到孩子的皮肤；不要将铅笔削得太尖，以免划伤孩子……

"搞破坏"是宝宝认知世界的一种方式

"人来疯"——通过表现自己求得表扬

🎵 **宝妈**：我家孩子真是太闹腾了，尤其是在家里来客人的时候，就像个小疯子似的，一会儿将玩具弄得到处都是，一会儿在客人面前又蹦又跳，有的时候又拉着客人说个不停，一会儿也不老实，真的是太没规矩了，说他也不听，真是拿他没办法。

(小提示：)宝宝的这种行为就是我们通常所说的"人来疯"，出现这种行为的宝宝有着强烈的表现欲望，他们希望通过自己的表现来得到表扬，进而获得心理上的满足。

我的小外甥4岁多了，是一个活泼好动，非常淘气的小男孩。有一次我去他家里看他，给他带了好多好吃的，又给他买了好多玩具。小外甥看到我非常的高兴，我刚进门就给了我一个大大的熊抱。

刚坐下没一会儿，小外甥就开始拉着我去给他读故事书，我对他说："你让小姨歇一会儿好不好，小姨坐车很累的。"他仍然拉着我，露出了渴望的眼神，看着他可怜的样子，我只好起身去给他读故事书。

读了一会儿，他说："我不想听故事了，小姨给我放音乐，我给小姨跳个舞吧。"于是，我就拿出手机给他放起了音乐。随着音乐的响起，他的小屁股也跟着扭动了起来。

跳完舞之后，我对他说："我们能歇一会儿了吗？"小外甥似乎还不太尽兴，他拿出我给他买的一把玩具枪，对我说："小姨，我们来玩'打仗'

游戏吧，我开枪的时候你就倒下好不好。"说完，就拿起枪对着我"啪啪"地扫了起来，我没有配合他，他就开始撒娇，无奈之下，我只好配合着他倒下，起来，再倒下……

正玩得开心的时候，姐姐的朋友来了。他看到客人，也不管不顾地就对着客人"啪啪"扫射，一边打一边说："阿姨中枪了，阿姨快倒下。"客人好像被吓着了，愣在原地好半天都没有动。姐姐拿过小外甥手里的枪，严肃地对他说："森森，拿枪对着阿姨是不礼貌的，你和小姨去卧室玩好不好，妈妈和阿姨谈点事情。"

小外甥一听，看到妈妈一脸的严肃，赶紧跑到了卧室。但是，没过一会儿，小外甥就拿出一本故事书，对着客人说："阿姨，我给你讲个故事吧。"说完，翻开书就要讲。客人被他的突然介入弄得不知所措。这个时候姐姐生气地对他说："森森，你不要再烦人了，妈妈在和阿姨谈事情，每次家里来人你就闲不住，去和你小姨玩去。"这次姐姐的语气是更加的严厉，看到妈妈严厉的表情，小外甥站在那里一动不动。

专家解读：

很多妈妈都会遇到这样的尴尬：当家里来客人的时候，平时非常乖的宝宝就好像是变了一个人似的，会非常兴奋，显得非常没有礼貌。这个时候，就会让家长很为难，如果当着客人的面批评宝宝，会影响到宝宝的情绪，一旦宝宝大哭大闹起来，自己反而更没面子了；如果不批评宝宝呢，宝宝会变本加厉，会给客人留下不礼貌的印象，有时候也会让客人非常的尴尬。对于有孩子的客人可能会理解一些，可对于那些没有孩子的客人来说，就会非常的不知所措。所以，妈妈一定要巧妙地化解宝宝"人来疯"的行为，理解他们这种行为背后的心理需求，这样就能够很好地化解尴尬。

"人来疯"是宝宝一种特有的心理想象，当家里来客人的时候，宝宝

"搞破坏"是宝宝认知世界的一种方式

会显得非常的兴奋，进而出现"发疯"的行为。孩子"人来疯"主要有主观原因和客观原因两方面。主观原因是因为孩子有着强烈的表现欲望，他们希望通过自己的表现能够获得他人的表扬，就会通过各种各样的方式来表现自己，获得别人的关注。客观原因主要是因为现在家里的孩子太少，平时家里会非常冷清，孩子无从表现，当客人来的时候，家里变得热闹起来，也就会刺激到孩子，让宝宝变得兴奋起来。

一般情况下，人的神经活动有两个过程，即兴奋和抑制。对于宝宝来说，他们的神经系统还没有发育完全，那么他们的神经活动过程就会不成熟，不能够很好地对兴奋和抑制这两个过程进行平衡。当他们兴奋的时候，抑制的过程就会很弱。所以，当他们处在一个非常热闹的环境中时，就很想表现自己，他们就会变得异常兴奋，这种情形在短时间内是无法平静下来的，有时甚至会越来越兴奋，难以安静下来。这就是宝宝妈妈头痛不已的"人来疯"。

由于很多父母不懂得宝宝的这种心理，当宝宝出现过于兴奋的行为时，他们就会认为孩子非常的没有礼貌，而且是专门和自己对着干，经常会用非常严厉的语气责备孩子，给他们安上"捣乱""不乖"等这样的标签。受到批评的宝宝心理会非常的难受，他们的心情难以平静下来，就会更加的兴奋，疯狂的行为会愈演愈烈，会让客人和父母非常的无奈。

延伸阅读：

"人来疯"虽然会让孩子显得非常没有礼貌，对孩子有着消极的影响，但是只要父母能巧妙地利用，那么也会呈现出积极的一面。如果父母进行正确的引导，宝宝就会非常有礼貌地让自己的表现欲望得到彻底展现。那么爸爸妈妈应该如何做呢？

1. 客人来之前，要给宝宝打好"预防针"

当家里要来客人的时候，爸爸妈妈一定要提前和宝宝说："今天家里来客人，宝宝一定要有礼貌，不能够胡闹。宝宝要根据爸爸妈妈的提示，再进行表现好不好。"当客人来的时候，可以先让宝宝和客人问好，向客人介绍宝宝，然后让宝宝去自己的房间玩儿。等到客人走后，要给宝宝表扬或者是一定的物质奖励。这样，可以培养宝宝有礼貌的意识。

2. 让宝宝有表现的机会

当客人来的时候，如果宝宝出现了"人来疯"的行为，父母一定要冷静，不要当着客人的面严厉地批评孩子，可以让孩子当着客人的面唱一首歌或者是背一首诗。

如果和客人谈的事情很重要的话，可以心平气和地和孩子说："爸爸现在有很重要的事情和客人谈，等我们谈完了之后，再和叔叔一起玩儿好不好。"等到和客人谈完之后，再让宝宝表现，并加倍给予表扬，这样既让孩子的表现欲望得到满足，受到了表扬，又可以向客人"炫耀"一下自己的孩子。

3. 营造一个活跃的家庭氛围

现在的爸爸妈妈下班到家，通常爱看手机，让孩子和老人玩或者让他们自己玩儿，家里的气氛显得非常冷清。这样的生活环境对于孩子的成长是非常不利的。

所以，家长们应该放下自己的手机，多陪陪自己的孩子。经常带孩子出去玩儿，或者去朋友家做客，让孩子接触更多的人，接触不同的环境，开阔孩子的视野。孩子见识多了，再见到陌生人的时候也就不会那么新鲜，因此也会减少兴奋的程度。久而久之，宝宝就会知道客人来的时候应该如何表现，"人来疯"的现象会逐渐消失，宝宝也会变得越来越沉稳。

"搞破坏"是宝宝认知世界的一种方式

打架——自我意识的发展阶段

🎵 **宝妈**：最近我家孩子不知怎么了，经常和幼儿园的小朋友打架，老师和家长经常向我告状，我对他进行了严厉的批评教育，可他就是不听，每天都提心吊胆，害怕他又打到哪个小朋友了。

小提示：对于孩子打架的这种行为，爸爸妈妈是不需要过分担心的。宝宝和小朋友打架，是自我意识的发展阶段。家长们需要注意的是要引导孩子采用非暴力的方式解决问题。

琪琪3岁了，刚刚上幼儿园。琪琪是一个非常"抠门"的小姑娘，对于自己的东西总是非常珍惜。只要是有人拿了她的东西，她就非常不乐意，有时候，别人只是碰了一下她的玩具，她也会大哭大闹，甚至动手打小朋友。尽管妈妈知道琪琪是处于自我意识的萌芽时期，这个时期的孩子是很难懂得与别人进行分享的。但是每当琪琪动手打人的时候，仍然会严厉地对她说："打人是不对的，你不能够再打小朋友了。"

有一次，琪琪的好朋友安安来家里玩儿，本来玩得好好的，可是安安突然哭着跑过来向琪琪的妈妈告状："阿姨，琪琪打我。"琪琪妈妈一边安慰哭泣的安安，一边问琪琪："你为什么打她呢？"琪琪生气地说："我不让她动我的'小蓝'（妈妈给她买的毛绒玩具），可是她不听，非要动，我就打了她一下。"

妈妈听完之后，非常严厉地对琪琪说："不管怎么说，你打人都是不对的，快向安安道歉。"琪琪非常不情愿地和安安说了一声"对不起"。说完就跑进了自己的房间。

专家解读：

生活中，小朋友之间打架是非常常见的，有可能他们打完架过一会儿就又玩在了一起，但是他们的这种行为却让爸爸妈妈非常的头疼。很多的人都会认为，孩子和别人打架，是一种非常不好的行为，对宝宝有着非常大的影响。我们不得不承认，宝宝和别人打架的确是后患无穷。因此，很多家长在发现自己的孩子和别人打架的时候，就会非常严厉地批评孩子，有的甚至还会大打出手。

在父母的眼里，宝宝打人就好像犯了不可饶恕的罪一样，经常会让父母勃然大怒。但是，作为宝宝就要永远都不能打人吗？在他们受到欺负的时候，也要像"绵羊"一样不吭声吗？每一个家长都不希望看到自己的孩子受欺负，不希望自己的孩子成为一只忍受欺负的"绵羊"。因此，在面对宝宝出现和别人打架的情况时，父母一定要了解清楚原因并进行正确的引导。

延伸阅读：

孩子之间打架并不完全是一件坏事。在他们打架的时候，他们的自我意识也在飞速地发展。当宝宝之间互相抢玩具的时候，其实就处于一个激烈的竞争环境当中，在这样的环境当中，宝宝的心理发育水平也会得到提高。他们会知道，任何东西都不是非常轻易就能够得到的。在竞争的过程中，宝宝也学会了用攻击的方式保护自己的"利益"。因此，打架对于宝宝来说是有利有弊的，那么家长们应该如何正确地引导呢？

"搞破坏"是宝宝认知世界的一种方式

1. 以平常心看待孩子之间发生的冲突

小孩子之间经常会发生冲突，他们可能因为抢玩具，或者是相互争抢领地，又或者是玩笑开过了头，这些都会引起他们肢体上的冲突。家长们在孩子发生冲突的时候，一定要保持冷静，可以在旁边先观察一会儿，不要过分干涉，尽量让他们以自己的方式去解决。小孩子之间的争吵就好比夫妻之间的争吵，床头打架床尾和，也许没过多久，他们又会高兴地玩在一起了。当孩子们打得不可开交的时候，父母再进行干涉，最好只是将他们拉开，进行适当地批评教育，最终让他们自己解决。这样可以培养孩子独立解决问题的能力。

2. 要根据情况予以批评

有的家长在看到宝宝和别的小朋友打架，不问清打架的原因，上来就会对宝宝进行严厉的批评，甚至是"临门一脚"。如果原因不在自己身上，那么宝宝会非常的委屈。所以，家长们一定要将事情了解清楚之后，再对孩子进行具体的批评。

如果是宝宝自身的错误导致和小朋友发生了冲突，父母就应该严厉地批评和阻止，并且要将宝宝的错误指出来。如果宝宝和小朋友打架只是为了维护自己的利益，这个时候父母就不要再批评宝宝了，应该告诉宝宝说："如果你没有错误的话，那么你就要勇敢地维护自己的权益，但最好不要采用打架的方式，如果你自己解决不了，就要找爸爸妈妈帮忙。"这样可以让宝宝的自我意识迅速发展，学会用平和的方式来解决问题，提高自己的情商。使宝宝懂得：拳头不是解决问题的唯一办法。

好动并非是"多动症"

🎵 **宝妈**：我家宝宝特别好动，就好像不知疲倦似的，一会儿也不老实，真的是拿他一点办法也没有，有人说他得了多动症，也有人说他只是孩子的本性，究竟是怎么回事呢？

(小提示)：好动不一定得了多动症，它只是孩子的一种天性，好动和多动症是有着本质区别的。

林林今年4岁多了，小的时候林林就不老实，刚学会翻身就在床上翻来翻去，一不留神还会从床上滚下去。林林长大了之后，就变得更加好动了。

有一次，妈妈带他去公园。从出门的时候就特别不老实，不是踢踢路上的小石头，就是摆弄摆弄路边种的花。要不就飞快地跑起来。这让跟在后面的妈妈非常着急，一边追一边喊："你慢点，看着点车。"

好不容易坐上了公交车，林林在公交车上同样也不老实。坐在妈妈的怀里就好像热锅上的蚂蚁一样，来回地扭动，一会儿摸摸窗户，一会儿又想站起来。妈妈对他进行了严厉的警告，但是他仍然是一刻也不得闲。

好不容到了公园，林林就开始尽情地动了起来。一会儿跳上公园的椅子，一会儿又爬上公园的雕塑。就在这时，公园的一道栅栏挡住了他的路，妈妈拉过他说："这里不能走，我们从旁边绕过去。可是，林林不听，非要从栅栏上翻过去，结果一不小心从栅栏上摔了下来扭了脚。这可吓坏了妈妈。

但是，林林好像并没有吸取教训，出门的时候仍然是非常好动，这让爸爸妈妈很担心，生怕他再出什么状况。甚至怀疑他得了多动症，于是就带他去看了医生，经过一番检查，确认林林不但没有患上多动症，相反他非常健康。

专家解读：

林林的这种行为并不是多动症，只能说这是孩子的一种天性。在日常生活中，我们也经常会看到像林林这样好动的孩子，他们经常会像个小猴子似的，爬上爬下，跳来跳去，总是让妈妈提心吊胆。人们也经常会说这样的孩子得了多动症。当听到"多动症"这个词的时候，妈妈就更加担心了，她们经常会变得焦虑起来。其实，孩子好动并不一定就是得了多动症，很大的可能说明孩子的精力太旺盛了。

延伸阅读：

好动是孩子健康的表现，如果将孩子的好动误以为是多动症，而限制他们活动的话，将会对孩子的身心发展非常不利。所以家长们一定要正确区分好动和多动症。

多动症被称为"轻度脑损伤"或者是"轻度脑功能障碍"，多出现在5～10岁的儿童当中，发病率在3%左右。如果孩子出现了好动的现象，而家长们不能够很好地进行区分的话，最好是带孩子去医院进行检查，以免耽误孩子的正常治疗。

那么，如何区分孩子的好动和"多动"呢？家长们可以从以下几个方面进行区分。

1. 专注能力

好动的孩子也有注意力不集中的时候，当你和他们说事情时，他们也经常会开小差。但是，他们对自己感兴趣的事情却非常专注。比如看动画片，他们经常因为看得太专注了而忽略了妈妈的说话，最后遭到严厉的批评，而且他们还有很多兴趣爱好。多动症的孩子则是兴趣爱好非常少，他们很难对某一件事情产生兴趣，而且在做事情的时候，是不能够很好地集中注意力的。他们经常会受到外界环境因素的影响，不能够专注地做任何事情，而且还经常半途而废，经常地更换事情做。

2. 控制能力

正常好动的孩子只是在家里、某种特定的场合或者是熟悉的人面前好动，在其他环境或者是严肃的场合，他们是能够安静下来的，他们能够很好地控制自己的行为。多动症的儿童是比较容易冲动的。他们不能够很好地控制自己的情绪。这一点在婴儿时期就有所表现，比如，特别爱哭闹，容易兴奋等。无论在什么场合，只要不高兴就会发脾气。他们不能够接受大人的控制，总是不能够安静下来。和小朋友在一起的时候，也经常会发生冲突。而且他们的言行非常多，总是不知疲倦地闹腾。其实，他们也知道累，但是因为控制能力差，所以他们总是停不下来，总是会不自觉地活动，甚至还会做出一些令人难以理解的事情。

3. 年龄

一般好动的现象多发生在幼儿时期，而且随着年龄的增长会逐渐减轻；"多动症"则跨越了孩子的婴幼儿、青少年时期，有的甚至会延续到中学阶段。

因此，家长们一定要正确区分孩子的好动和多动，正确看待孩子的好动行为。孩子的好动也是有原因的，这也是他们心理需求的结果。因此，当孩子出现了好动行为的时候，家长们不要给他们贴上"不老实、调皮、不遵守纪律"这样的标签，对他们进行各种各样的限制，而是应该了解隐藏在好动背后的心理需求，正确地释放他们充足的精力，多带他们进行运动量大一些的活动，如踢小足球、游泳等。孩子出现好动的行为，主要是出于以下几个原因。

1. 好奇心在作祟

随着孩子年龄的增长，他们对周围的事物总是充满了好奇，在好奇心的驱使之下他们就开始对周围的人和事进行探索。而周围的花草树木，高低不同的建筑，妈妈的化妆品，家里的柜子，都成了他们探索的目标。他们会用自己的亲身动作去感触世界。用自己的方式去认识和了解周围的环境和事物。因为疑问越来越多，他们就会不停地去探索，而这些探索就成了人们眼中的好动。

2. 性格上的差异

每个人的性格都是不同的，人们从刚生下来的时候就具备了不同的性格和气质。因此，不同的孩子对于人和事物的态度也就不同。有的孩子可能就是性格开朗、活泼好动的，他们很容易受到外界环境因素的影响，不能够静下心来做事情，经常会动来动去。年龄越小，这种性格表现得就会越明显。

3. 取悦他人

每个孩子都希望自己被接受，受到尊重，并且让人喜欢。想要被人喜欢，就要获得别人的注意，这个时候他们就会以各种各样的行为来引起人们的注意，通过这种方式让父母高兴，让父母更加喜欢自己。尤其是当孩子因为某种表现让父母十分高兴，对自己表现出了强烈的喜爱之情时，孩子的这种行为就会增加。

4. 补偿心理

有的父母因为忙于工作，不能经常陪伴孩子。孩子就会出现不受重视的心理。所以，当父母在家的时候，他们就会用各种办法，用各种好的或者是不好的行为，比如，唱歌跳舞或者是爬上爬下，来吸引父母的注意。当他们成功地吸引了父母的注意力之后，他们的心理就会非常的满足，那么这样的行为也就会更加"变本加厉"。

5. 精力旺盛

小孩子总是精力很旺盛的，营养丰富的饮食令他们有着健康、强壮的身体；有些由老人带的孩子经常闷在家里，活动量不是太大，于是他们不是在家里寻找"运动"的机会，就是在户外永不停歇地欢跳，来尽情地释放自己的旺盛精力。

如果你的孩子十分的好动，作为家长千万不能因为孩子的好动就对他们大动肝火。面对孩子出现的好动行为，一定要让自己冷静下来。毕竟好动只是孩子的天性，如果你总是对他发脾气，会抑制孩子的这种天性。因为，从运动医学角度来说，孩子喜欢蹦蹦跳跳不但有助于孩子的身体健康，还会促进他们脑部的发育。研究表明，人们在跑跳的过程中能够产生振动，如果"外源性"振动和"内源性"振动相结合，是有利于孩子的脑部发育的，能够促进思维的发展，让思维变得更加敏捷，让孩子变得更加聪明。那么家长们应该如何正确引导孩子的好动行为呢？

1. 让孩子能够充分玩耍

如果孩子总是玩的话，家长会担心影响到孩子以后的学习，又或者是担心孩子累着，所以经常会限制孩子的玩耍时间。相反的是，如果孩子的精力不能够得到宣泄，就会影响到孩子身心的健康发展。孩子就会产生无聊、焦躁的情绪。所以，爸爸妈妈最好是让孩子玩个痛快，至少要保证孩子每天有一个小时的室外玩耍时间，选择一些适合孩子发展的体育项目，这样不仅能让孩子享受玩耍的乐趣，精力得到释放，还能够培养孩子的兴趣和技能发展孩子的特长。

需要注意的是，孩子在玩耍的时候，家长们一定要陪在孩子的身边，保证孩子的安全。

2. 多陪陪孩子

对于孩子来说，父母是他们最好的老师，父母的陪伴和指导对于孩子来说是非常重要的，尤其是对于学龄前的儿童。因此，父母一定要多陪在孩子的身边，可以和他们一起做游戏，一起做简单的手工，比如，做蛋糕、饼干，玩拼图玩具等。这些事情能够很好地培养孩子的集中力，提高他们的控制力。当和爸爸妈妈一起完成了一个精美的作品时，他们的喜悦之情是无以言表的。

3. 让孩子养成专注的习惯

要想让孩子专注，就要告诉孩子：要想把事情做好，就要关注一件事情，当这件事情做好之后，再去做另外一件事情。比如，在画画的时候就不要再想着去做手工了，而是要把画画好之后，再去专心地进行手工制作。

有的家长为了培养孩子的专注力，会故意给他们布置很多事情，让他们去完成。当孩子搞得一塌糊涂的时候，他们再告诉孩子做事情的正确方法，这样孩子就会深刻地体会到专注做事情的重要性了。

4. 要适当地进行限制

虽然好动给孩子带来的好处很多，但并不意味着孩子可以肆无忌惮地进行各种行为。家长们要明确告诉孩子哪些是可以做的，哪些是不可以做的：在家时，不能够爬到危险的地方，不要穿着鞋在沙发、床上蹦来蹦去；在电影院、商场、教室等公共场合时，要注意遵守规则，不要大声喧哗，不能够乱跑乱窜，一定要集中注意力。要告诉他们，影响到他人是非常不礼貌的一种行为，这种行为是会让人们厌恶的。

"破坏大王"应该成为一种好的称呼

宝妈：我家孩子最近刚学会走路，经常迈着不太稳当的脚步走来走去，常常逗得全家人都非常的开心。但是各种"破坏"行为也随之而来，动动这个，扒拉那个家里面所有的东西好像一下子都变得不安全起来。有的时候，真想揍他一顿，但是每次看到他无辜的表情时，抬起的手就又落了下来，真不知道该如何是好。

小提示： 孩子的破坏行为并不是孩子有意为之，而是到了精细动作敏感期。这是宝宝成长过程中的必经阶段，是动作发展的需要，也是好奇心和探索欲望的体现。妈妈最好不要阻止宝宝的这种"破坏"行为，要为宝宝创造满足精细动作敏感期需要的条件，为他们提供一个良好的"破坏"环境，让他们的需求得到尽情地宣泄。

玲玲1岁多了，是家里的开心果。但是最近却成了全家人的"公敌"。她总是进行着各种各样的破坏行为，家里人都管她叫"破坏大王"。

玲玲最喜欢做的事情就是，无论什么样的纸，见到就撕，尤其是最近刚刚学会走路，家里面的纸都要被藏起来，否则就会成为玲玲手里好玩的玩具。茶几上、沙发上只要出现了纸，玲玲就会把它拿起来，撕成一条一条的，稍微不注意，她就会将整卷卫生纸撕成雪花散落在地上。

除了撕纸，玲玲还特别喜欢咬书、撕书。爸爸特别喜欢看书，家里摆满了书，爸爸有一个非常不好的习惯，总是喜欢把书随手一放。这就为玲玲提供了机会。有一次，爸爸新买来一本杂志，随手放在了茶几上。玲玲刚好在沙发上玩，看到了茶几上的书，非常高兴，立马将书拿在手里，开心地撕了起来，当爸爸回来的时候，好几页书在玲玲的手里变成了碎纸屑。爸爸看到她的行为，非常生气，顺手就将书抢了过去，玲玲被这一举动吓坏了，哇哇大哭起来。越哭越厉害，爸爸只好抱起玲玲哄她。

有一次，妈妈给玲玲买回来一个新的玩具，是一个非常漂亮的芭比娃娃。妈妈满心欢喜地将娃娃递给玲玲。当妈妈再回来的时候，瞬间傻眼了，因为玲玲将芭比娃娃的衣服和头发全都弄坏了。妈妈看到之后非常心疼，心想，我好几百元大钞买的娃娃就这样让你给毁掉了，我一定要好好收拾你。但是看见玲玲满心欢喜的样子，妈妈只是非常无奈地跺了跺脚。

最近，好像玲玲的"破坏"行为又升级了，因为走得越来越熟练，也能够爬到高的地方了。于是，妈妈的梳妆台就成了玲玲新的"战场"，玲玲总是把妈妈梳妆台搞得乱七八糟的。有一次，妈妈新买回来一支香奈儿的口红，妈妈非常珍惜，放了好几天都没有舍得用。但是，玲玲看到之后，觉得十分新奇，就用妈妈的口红在镜子上胡乱地抹了起来，一边抹还一边乐，非常高兴。妈妈看到自己心爱的口红就这样浪费掉了，心情是可想而知的。但是，面对孩子又没法讲道理，该怎么办呢？

专家解读：

当你兴高采烈地拿着一本故事书想要给他讲个故事的时候，他"唰"的一下就把书页撕了下来；当你想要给他洗澡的时候，他会把水弄得满地都是；当你和他一起玩积木，刚刚搭好一个模型的时候，他随手一碰就给推翻了；当你找不到遥控器的时候，却发现遥控器已经被他弄得支离破碎……

家长们遇到这样的情况，总会非常恼火，但是这个时候家长们最好是要保持冷静，因为这是宝宝行动发展的阶段，是好奇心和探索欲望的结果，他们正处在了精细动作的敏感期。而这个时候，"搞破坏"就成了他们满足心理需求的方式。

宝宝的"破坏"行为分为有意识和无意识两种。一般情况下，宝宝在2岁之前的"破坏"行为都是无意识的，而且也并不是真的"破坏"。之所以会出现各种各样的"破坏"行为，是因为精细动作敏感期让他们有了"破坏"的热情，他们通过这种行为来认识世界，同时也是为了提高和发展小肌肉的动作。

因此，当宝宝出现了各种各样的"破坏"行为时，妈妈千万不要阻止和责备小宝宝，相反的是应该给予他们多一些的鼓励，要让孩子的"破坏"行为变成一种创造行为。当孩子在进行"破坏"的时候。也是手、眼活动的过程，也是可以促进宝宝的思维发育的，同时也能够很好地激发宝宝的好奇心，进行不断地探索。这样的宝宝在长大之后也是具有很大创造力的，他们会不断地创新，寻找到更多新奇的东西。

这个时候，家长就会问了，既然宝宝的"破坏"行为能够给宝宝带来这么多的好处，那么我们应该如何去引导呢？不能总是让他们把家里搞得一团糟吧。

妈妈可以尝试以下几种方法。

1. 和宝宝一起搞"破坏"

当宝宝出现破坏行为的时候，爸爸妈妈应该参与进来。当宝宝将玩具拆掉的时候，爸爸可以和宝宝一起研究玩具的构造、玩具的组成部分、玩具的零件等，在研究完之后，可以和宝宝一起将玩具重新组装起来。

在和宝宝一起进行探究的过程中，不仅开发了宝宝的智力，也培养了动手能力，同时满足了他们的心理需求。所以，爸爸们不要总是摆弄手机了，和宝宝一起进行探究也会发现更多不一样的乐趣的。

2. 为宝宝创造"破坏"的环境

如果妈妈觉得宝宝撕东西会把家里搞乱，那么，妈妈可以给宝宝准备基本撕不烂的书，可以让宝宝尽情地撕；也可以给宝宝买一些五颜六色的纸张，并且告诉宝宝要撕成一条一条的，或者是撕成各种不同的形状，这样宝宝就不会将纸撕得稀碎，也能够满足宝宝撕纸的要求。妈妈要让撕纸变得有趣起来，这样宝宝就不会再去"破坏"家里其他的东西了。

"搞破坏"是宝宝认知世界的一种方式

有一点不满意就大哭大闹——心理需求希望得到满足

宝妈：我家孩子真的是太气人了，每次带他去商场，只要看到喜欢的玩具就要买，不给买就坐在地上大哭大闹，经常让我很没面子。

小提示：宝宝坐在地上大哭，是因为他们知道只要哭，妈妈就会满足自己的需求，他们是在用哭来获得心理上的满足。其实，在孩子哭闹的背后，更多的是心理上的需求，家长们在面对孩子的这种哭闹时，一定要采取平和的态度。

有一次，强强非要吃巧克力。因为当时强强正处在换牙的阶段，妈妈担心甜的吃多了会影响到牙齿的生长，于是就非常果断地拒绝了。被妈妈拒绝之后，强强仍然没有放弃，对妈妈说："妈妈我就吃一小块好不好？"妈妈又一次非常严厉地拒绝了。这个时候，强强就去找奶奶，奶奶非常心疼孙子，就给强强拿了一块儿巧克力。妈妈看到这样的状况，就让强强把手里的巧克力交出来，强强就是不给。无奈之下，妈妈只好将巧克力抢了过来。手里的巧克力被妈妈抢走了，强强觉得非常委屈，坐在地上大哭了起来，边哭边说："我要吃巧克力，我要吃巧克力，妈妈给我巧克力。妈妈不给我巧克力我就不起来。"

妈妈没有管他，转身就去做别的事情，奶奶说："不就是一块巧克力吗，你就给他吃呗，就吃一块儿还不行吗？"强强听到奶奶这样说，哭得更起劲了。

这个时候妈妈非常为难,如果让他吃了,下次他还会这样闹的,那么辛辛苦苦建立起来的规矩就会被破坏;如果不给他吃,婆婆肯定也会不依不饶的。妈妈这个时候真的不知如何是好了。

专家解读:

很多家长都碰到过这样的情况,当孩子提出的要求没有得到满足的时候,他们就会坐在地上耍赖,大哭大闹。这其实也是在考验家长们的耐心和智慧。有的家长就会用强硬的手段对待孩子;而有的家长则因为心软,就会无条件地满足孩子的各种需求。

其实,这两种做法不是解决问题的根本办法,并不能够有效缓解孩子的哭闹,相反地还会加剧孩子的哭闹行为。对孩子采取强硬态度的做法,会损害到孩子的自尊心,会增加他们的逆反心理。虽然一时制止了他们的哭闹,但是没有从根源上解决问题。无条件满足孩子的做法,会助长孩子"以自我为中心"的心理,他们会变得目中无人,什么事情都会由着自己的性子来,如果不能满足自己的需求,就会大发雷霆,这样的性格会影响到孩子今后在社会的立足,对于孩子的影响也是非常严重的。

要想解决这个难题,首先就要找到孩子哭闹的原因。因为小孩子的心智还没有发育成熟,他们表达情绪的方式是非常单一的,在他们表达不满的时候,用得最多的方式就是哭闹。孩子产生哭闹的原因主要有以下几个。

(1)心理需求没有得到满足。有的家长可能会认为,小孩子只要吃饱穿暖就好了。其实,除了吃喝拉撒,孩子也是有很多心理需求的。如果他们的心理需求得不到满足的话,就会出现哭闹的行为。通常情况下,宝宝在出生4个月之后,就会发脾气、表达不良情绪。在孩子的成长过程中,随着年龄的增长,他们接触到越来越多的人和事物。孩子在面对新的事物的时候，总是想认识和得到它们。如果这个时候受到父母的阻挠或者是反对的话，他们就会大哭大闹，通过发脾气的方式来抗议。

（2）宝宝的自控能力差。现在的孩子在家庭中占据着很重要的位置，父母对孩子总是倾注了无限的爱，他们对于孩子的各种要求也会尽量满足。父母的这种做法无形之中助长了孩子随心所欲的坏习惯，他们想要的东西就一定能得到，偶尔有一两次没有满足要求，他们就会备受打击，从而用哭闹的方式来表达心中的不满。

法国教育家卢梭曾在《爱弥尔》一书中说："你知道运用什么方法，一定可以使你的孩子成为不幸的人吗？这个方法就是对他百依百顺。"因为面对父母的有求必应、百依百顺，孩子头脑中就会逐渐形成这样一个思维定式——我想要什么就能有什么。慢慢地，孩子就会变得越来越任性，越来越贪心。

因此，如果孩子一不如意就大哭大闹，父母要做的不是有求必应，而应视不同情况区别对待。那么，具体应该怎么做呢？

1. 不迁就孩子，要言出必行

孩子经常会提出一些要求来挑战父母的耐心。如果父母一味地满足他，只能让他变本加厉地使用各种手段迫使父母去答应他的所有要求。

为了避免出现这种状况，父母对孩子的承诺一定要兑现，禁止孩子做的事情一定要坚持，不能因为孩子哭闹而心软，也不能因为自己心情好而对孩子网开一面。这样，父母才能建立起威信，让孩子明确地感觉到父母是言出必行的人。孩子就会明白耍赖是无效的，也就不会提出那么多不合理的要求。

2. 拒绝孩子的要求时要做到以理服人

当孩子提出不合理的要求时，父母要使用合理的理由让他信服。要让孩子明白，满足他的合理要求是父母的爱与责任，而拒绝他的不合理要求也是父母的爱与责任。这样，父母给孩子以信服的理由，而不是单纯地拒绝，孩子接受起来就会容易得多。

3. 延迟满足孩子的合理需求

在日常生活中,当孩子提出某个要求时,父母应该沉住气,延迟满足他。比如,当孩子提出想买乐器时,不要立刻答应或拒绝,而应该对他说:"你确定自己喜欢吗?能坚持练习吗?再说,这个乐器也不便宜,需要计划一下。"又如,当孩子想要买某个玩具时,父母可以对他说:"妈妈特别想给你买这个玩具,但是这次带的钱不够,咱们下次再买,好吗?"

通过延迟满足孩子的需求,不但能让孩子学会耐心和等待,可以增强孩子的自控能力,进而让孩子懂得需求的满足来之不易,自然就会更加的珍惜了。